照见

疗愈原生家庭的伤

杨韵冉 著

台海出版社

图书在版编目（CIP）数据

照见：疗愈原生家庭的伤 / 杨韵冉著. -- 北京 ：台海出
版社，2023.11（2024.5重印）
ISBN 978-7-5168-3718-4

Ⅰ．①照… Ⅱ．①杨… Ⅲ．①心理学—通俗读物
Ⅳ．① B84-49

中国国家版本馆 CIP 数据核字 (2023) 第 217023 号

照见：疗愈原生家庭的伤

著　　者：杨韵冉

出 版 人：蔡 旭　　　　　　　封面设计：李婷婷
责任编辑：姚红梅　　　　　　　策划编辑：讯鹰文化何思

出版发行：台海出版社
地　　址：北京市东城区景山东街 20 号
电　　话：010—64041652（发行，邮购）
传　　真：010—84045799（总编室）
网　　址：www.taimeng.org.cn/thcbs/defaultt.htm
E － mail：thcbs@126.com

经　　销：全国各地新华书店
印　　刷：炫彩（天津）印刷有限责任公司
本书如有破损、缺页、装订错误，请与本社联系调换

开　　本：170 毫米 ×240 毫米　　　　1/16
字　　数：200 千字　　　　　　　　印　　张：14
版　　次：2023 年 11 月第 1 版　　　印　　次：2024 年 5 月第 4 次印刷
书　　号：ISBN 978-7-5168-3718-4

定　　价：49.00 元

人生总是要先遇见他人，然后照见自己，我们要在遇见中相见，在相见中照见。

推荐序

俗话说："每个成功的男人背后，都有一个优秀的女人。"于我而言，也是如此。正因为有了我太太杨韵冉的支持，我才能毫无后顾之忧地朝着"让 1 亿家庭实现财富自由、身心富足"的使命前行。我有时在想，如果没有她，今天的我会是什么样子呢？

第一次遇到韵冉的时候，她不仅外表美丽，还聪明能干，是公司里业绩持续的第一名。我第一次问她："你将来的梦想是什么？"她不假思索地说："我将来想创业，和自己喜欢的人一起做一份事业，哪怕是开一家小店也好。"从那时起，我发现自己真正地陷入了对她的爱恋。随着我们的感情逐渐加深，她内在的智慧、上进心和无敌的信念深深地吸引着我。如果世上真的有灵魂伴侣，我相信我已经找到了。

像大多数夫妻一样，我们也会因一些琐事争吵，在共同经营企业的过程中也有意见相悖的时候。从谈恋爱到现在，我们一起生活了将近 20 年，也经历了许多磕磕绊绊，我们既有爱情上的相知相恋，又有亲情上的相濡以沫，还有友情上的至真至纯。在我的眼中，她善良、有爱心、慷慨、智慧、美丽、独立，是一个外在和内在都富有的女人。

和她相遇时，除了梦想，我一无所有，但当时她依然愿意与我共度此生，共同实现梦想。不管是去北京学习，还是回深圳创业，她始终陪在我身边，鼓励我、支持我、信任我，但她并不依赖于我。她是我最亲密的伴侣，也是我最好的朋友和最默契的事业伙伴。今天，我们已经实现了早年的梦想，她也践行着自己的人生使命——传承爱与幸福。

在本书里，我太太把她所有幸运与不幸的经历全都真实地展现了出来，将自己收获事业成功、家庭幸福的所有核心毫无保留地分享给大家。通过本书，你可以见证一个一岁多就失去亲生母亲，十六岁就进入社会打拼的女孩，是如何走出童年的阴影，如何克服事业上的难关，如何化解家庭关系里的困扰，如何靠自己的努力活出独立自由的财富人生的。在本书里，你能看到两性关系中自己身上的局限和缺失，也能看到伴侣身上隐藏的闪光点。关键是，在这个看到的过程中，能让你更好地去拥抱自己，也能更好地去拥抱伴侣，从而让你的生活更美好、更幸福。

我真心地希望每个捧起本书的人都能用心地阅读，因为当我认认真真地读完本书后，我内心非常感动，我十分肯定这是一本好书，这是一本蕴含着经营幸福人生智慧、值得反复品味的好书。如果你是女人，本书能让你获得经营两性关系、亲子关系、父母关系、婆媳关系等人生中的智慧，你将成为一个经济、精神双重独立的幸福女人；如果你是男人，看完本书后你会收获如何使自己的另一半成为事业伴侣、生活伴侣和灵魂伴侣的方法，让你成为一个事业和家庭都圆满的成功男人。我相信任何一个将本书收入自己书房中的人，都能从中找到活出自己幸福人生和拥有财富人生的答案。

我是周文强，我爱你，如同爱自己！

——周文强

自 序

亲爱的读者朋友们，你们好，我是杨韵冉，很荣幸能通过本书让你走进我的世界，我的人生。

希望大家通过阅读本书，通过我的故事，照见自己的人生，从我的人生经历里照见一个和你有着相似境遇的人，是如何突破自我，走出过去的不幸，从而获得最为真实的幸福的。本书不仅仅是一本我个人的人生小记，更是一本帮你建立正面思想，破除固有认知，拉升思维高度，打通你所有关系障碍的人生实践书。

如果此刻，你正在遭受焦虑、抑郁、痛苦、恐惧的折磨，正在经历人生中的至暗时刻，那么千万不要自暴自弃。因为你正在经历的痛苦，我都经历过。

在我一岁多的时候，母亲因产后抑郁自杀，结束了她年轻的生命，而仍在襁褓之中咿咿呀呀的我，被托付给奶奶抚养，这是我原生家庭所带来的创伤。进入社会后，我体会过在餐厅做服务员的自卑，在工厂里重复劳动的迷茫，初入销售领域不开单的焦虑，以及从创业的高峰跌落到低谷的绝望。组建自己的家庭之后，我也有过夫妻之间相处的痛苦、亲子教育的困扰，以及婆媳关系的摩擦。人生多数事并不如心中所愿那样一帆风顺，但我们每一个人都有机会成为可以乘风破浪的人。所以，我希望通过分享自己的故事唤醒你，让你经由我的经历也可以走出原生家庭的伤害，化解婚姻里的痛苦，解决事业上的彷徨，从而收获更加幸福、美满、富足的人生。

阅读本书，你将收获夫妻之间亲密关系的幸福之道，读取建立良好亲子关系的方法，打通事业向上发展的正面思维；阅读本书，你将通过我每一阶段的人生故事，领悟到你自己的人生，掌握疗愈原生家庭创伤的方法。

本书不是为了让你了解我，以及看到我励志向上的故事，而是让你从我的人生经历里，看到我是如何走向真正的经济独立和精神独立，如何在职场里做到销售第一、管理第一，如何在经营好自己事业的同时又能辅助好先生、教育好孩子，如何让更多有孝心、责任心、上进心、承载心的人和我一起传承爱与幸福，如何在痛苦之时，可以转身找到你当下迷茫的突破口，活出全新的自己。

不管何时何地、面对何种境遇，我们都要试着做自己生命的主人，向下扎根、向阳生长，创造出属于自己的独特价值。

本书之所以叫"照见"，是因为曾经的我感受到自己的不幸福，但通过学习、内省、成长、蜕变，我获得了幸福。我希望读到本书的人都能获得幸福，不仅自己幸福，还能帮助身边的人幸福，身边的人幸福了又一起帮助更多的人走向幸福，让幸福传承下去，才是内在真正幸福的觉醒。所以，我的使命就是要做一个真真正正地能照见幸福，并让天底下女性一起幸福的人。

希望我的故事能带给你一些感同身受和陪伴，希望在我的故事里面，你能读到觉察，读到内省，读到启示，读到好好爱自己……走向生命的觉醒，书写属于你自己的幸福人生。

我是杨韵冉，我爱你，如同爱自己！

目录

| CONTENTS |

第一篇

| CURE |

不幸的童年无须用一生来治愈

/01

治愈不幸的童年

奥地利心理学家阿德勒有句至理名言："幸福的人一生被童年治愈，不幸的人用一生治愈童年。"我们每一个人的童年不仅会有充满温暖幸福的欢乐时光，也会有一些不幸的经历让心灵深受伤害，而很多人总认为自己成年后遭遇的种种不幸是由童年时的创伤所造成的。

如果将自己的不幸全部归因于童年时遭受的不美好经历，那么就会陷入"宿命论"，一辈子都在受害者的角色里自怨自怜，无法走出童年的阴影，也无法体验到自己原本可以更加绽放的生命状态，这样人生将会有很多的遗憾。

我也曾拥有一个非常不幸的童年，如今，却活出了一个人人羡慕的幸福人生。所以，我希望通过自己的童年经历、父母的教育方式以及后天的成长经历，来鼓励那些童年时心灵受过创伤的人，学会正视自己、接纳自己、认可自己，早日摆脱童年的不幸带来的伤害，收获属于自己的幸福。

我出生在湖南省一个普普通通的农村家庭里，在我一岁多的时候，我的亲生母亲生下弟弟不久，因产后抑郁，用自杀的方式结束了她短暂而又煎熬的一生。年幼的我和刚出生不久的弟弟还没来得及感受来自妈妈的爱和呵护，就永远地失去了自己的亲生母亲。后来在外公的坚持下，弟弟被送去了舅舅家，而我则被爸爸托付给奶奶抚养。

从小失去父母庇护的我，每一步都走得小心翼翼。看着隔壁家的孩子津津有味地吃小零食，而我却只能站在墙角低着头偷偷地咽口水；看着别的孩子在学校被欺负了就喊自己的爸爸妈妈去撑腰，而我只能孤零零地站在远处羡慕地望着他们；看到别的小朋友依偎在父母怀里撒娇玩耍，而我却只能一个人默默地在角落里流泪。更令我难过的是，一些亲戚和邻居还常劝奶奶不要养我，他们对奶奶说："你现在年纪也大了，是应该过清闲日子的时候了，何必给自己找个拖累，自己养的儿女尚且不一定孝顺，更何况是一个隔代的孙女。"他们在说这些话的时候，完全不在意奶奶旁边的我是否会受到伤害，又或许是觉得我小，听不懂这些话。但让我感到温暖的是，奶奶并没有受到那些话的影响，反而把她所有的爱都给了我。这样的经历让我比同龄人要早熟很多，在别的孩子还只知道玩耍的时候，我已经学会干家务，承揽了家里洗碗、刷锅、扫地的活，大人们下地干农活，我也跟着。

秋风万里芙蓉国，暮雨千家薜荔村。自古以来，以湘江为首，资江、沅江、澧水、汨罗江等八条江河将湖南一分南北，中华民族的母亲河长江流经湖南时，更是形成急流涌进之势，造就了这方水土上的人们骨子里百折不屈、勇猛奋进、坚韧不拔的性格。

每年的农忙"双抢"，对每一户农家都是个考验，在骄阳似火的七月里，大约20多天时间，既要抢收早稻，又要抢种晚稻，家里的主要劳动力们与天斗、与地斗，抢个丰收年景。我至今记得那些面朝黄土背朝天的日子，小小的我和水田里成熟的稻子差不多高，一手抓住稻子，一手紧握镰刀。一天下来，手心都是磨出的水泡，晚上的时候，用针挑破，流出水来，脱了层皮，过了几天，新皮长出来，又磨出水泡，如此反复三五次，"双抢"才能结束。那时候，我好希望自己能快点长大成人，那样就可以像大人们一样，割稻子时轻松一些，手上也不容易磨出水泡。然而，那时候的我何尝不像手里的那把水稻呢？站在稻田里，我们差不多高，我们都无力决定自己被生活收割、安排的命运，只希望时间这把刀，割过来的时候能快一点，再快一点，这样疼痛与痛苦也许就少一些。

在这样的环境里，年幼的我每天都会尽量地多干一些活，但是让我感觉比起体力上的辛苦更无助的是，亲戚、长辈之间的一些"话语"总会引起我的警觉，让我觉得他们在暗示什么。这对我来说，就像是一把镰刀，我相信，那一棵棵被割断的稻子会疼，只是它们不会说话，你听不见它们的无声哭泣与呼喊，而我，虽然会说话，但却不知道怎么说、对谁说，我害怕被遗弃，就像那些失去谷子的稻草一样，内心充满了无比的失落、迷茫与怨恨，甚至想过和母亲一样离开这个世界。无数个夜晚，我蜷缩在被窝里偷偷地哭，我无比想念我那早已埋在土里不知所踪的妈妈，如果她在，哪怕再苦再累，我也不怕。她走了，家也就散了。妈妈，你怎么能这么狠心，丢下年幼的我和弟弟，如果你在天有灵，你能看到那片金黄的稻田中你小小的女儿吗？同时，我又带着复杂的"爱和怨恨"思念父亲，在风言风语之中无助的我，多么希望得到爸爸的守护，而不是只能和奶奶相依为命，即使我知道爸爸需要赚钱养家，可是内心却依然极度渴望得到父亲的爱和陪伴……

由于长时间积累的委屈和负面情绪无处释放，这让童年时期的我变得极度敏感和自卑。在学校里，听见别人随口说一句"没妈的孩子"，即使不是对着我说的，我也会认为他们是在笑话我没有妈妈，甚至当同学们讨论起他们自己的妈妈时，我也会下意识地远离，因为我害怕他们问："你妈妈呢？"我真的不知道该如何回答。

记得那时在班里我的学习成绩并不差，但我的堂哥、堂弟、堂妹基本上都是年级第一名，相比之下，我的考试分数最低，每年他们都能拿着"三好学生"的奖状回家。家里长辈问我："为什么你的老师不发个'三好学生'的奖状给你？"我说："因为老师不太认识我。"当我说出这句话时，大家都大笑不止。现在想来，当时的我真的好可爱，但只有我自己知道，那个时候我能把这句话说出来，其实内心已经是鼓足了很大的勇气。

今天的我已经知道小时候的我因为自己"认知的真相"，活在了"逃避"的世界里面。即使那个时候，我的成绩并不是太差，长相也算秀丽，但和同学们在一起玩的时候却总是感觉自己不如别人，在同学面前经常低着头，也不敢大声说话。见我如此胆小，有些同学就跑过来欺负我，他们说我丑，说我黑，说我没有妈妈，爸爸也不要我……受到辱骂的我根本没有勇气还击，只能低着头、眼角挂着泪匆匆地从人群中逃离，但我又能逃到哪里呢？从学校回到家里，不过是换了一个伤心的地方而已。

当时奶奶和叔叔、婶婶住在一起，奶奶坚持要养我，叔叔虽没有反对，但心里却也没有特别乐意，毕竟在那个艰苦的年代，普通农村家庭要多养一个孩子就是多一份负担。堂妹能偶尔穿上新衣服，吃到小零食，而当我常年穿着旧衣服的时候，心里除了羡慕，还充满了自卑。

有一次，家里没水了，我带着堂妹去水井旁压水，我们手握着压水的手柄，利用身体的重量往下一压，手柄一上一下，发出嘎达、嘎达、嘎达的声音，水就缓缓地流淌了出来。堂妹觉得很好玩，就高兴地上下按压着，这本是孩子间的一种乐趣，没想到恰好被叔叔撞见，叔叔大声训斥我："怎么能让妹妹压水，再这样偷懒我们就不管你了！"平日里，当我和堂姐堂妹发生争吵的时候，除了奶奶，其他长辈也总会不分缘由地先指责我，这种区别对待的态度让我本就自卑、敏感的内心更加感觉到受伤害。

记得有一阵子，叔叔时不时地会指着我说："成绩又不好，家里的事有时候也做不好，长大了很难有什么出息。"童年时期的我每天听到的都是叔叔对我的否定，而长大后我才明白，叔叔其实并不是不爱我，他只是不懂得用我喜欢的方式来爱我，换而言之，他认为那是能够刺激我去改变、去奋斗的方式。从进入社会，我就告诉自己一定要报答叔叔，因为如果没有他当年的"激励"，可能就没有今天的我。哪怕他当年天天指着我说了一些我认知里面伤害我的话，也许那就是他认为对我的成长有帮助的教育方式，他教会我独立，因为我的人生只能靠我自己。小时候，还有些长辈对待我的方式是不管、是忽略、是什么也不说、是当我不存在，相比之下，叔叔对待我的方式就是一种爱与责任的体现。但童年时期的我所能感受到的就是叔叔不喜欢我，这种错觉让我早就想逃离这种寄人篱下的生活，这种错觉让我和叔叔之间总是隔着一堵无法逾越的墙。

有时候，明明不是我的错，却遭到了叔叔严厉的责骂，委屈却无人可说，每当这个时候，我就独自跑到河边，看着水里自己的倒影哭泣，倒影浮在水面上，随着涟漪振动，就像彼时的我，随波逐流，没有落脚点。我想，如果我死了，就像水中那振动的倒影，悄无声息地消失了，也就不用承受这么多委屈和痛苦了。但是想到奶奶，轻生的念头就放下了，如果我就这样走了，最伤心的就是坚持养育我的奶奶，为了她，我也要坚强地活着，我要证明给所有人看，奶奶对我的养育和付出是值得的。我在心里立下誓言：我要成为最孝顺奶奶的人，我要让奶奶过上好生活，我要对所有看不起我的人好，让他们知道，我和他们不一样。我告诉自己，即使亲人用"恶意"来对待我，而我也要用"善意"来回报他们。

长大之后才知道，亲人没有"恶意"，一切都只是我敏感的内心世界的认知和感受，只有实际的付出，用爱的回流来唤醒一切……

母亲自杀离世，父亲外出打工，我跟着奶奶在叔叔家过着寄人篱下生活，也许，童年时期并没有什么幸福可言，但这并没有阻碍我未来在婚姻和事业上收获幸福，更没有像很多人说的那样，要用一生去治愈童年的不幸。我相信还有很多跟我一样在童年时期遭遇不幸的人，他们至今仍会陷入童年阴影带来的消极情绪里，导致感情、工作、生活都失败得一塌糊涂，不管是身体还是心灵上都极其痛苦。我希望通过分享自己的亲身经历，让他们知道到底如何做才能摆脱童年的伤害以及给当下生活带来的负面影响，从而活出幸福的人生。

在讲述我的自我救赎历程之前，我希望你能够明白，我们每一个人的童年或多或少都有一些阴影，没有谁的童年是完美无缺的，但给自己童年不幸的经历赋予什么样的意义，决定权在于你。其实一个人的成长，就是一个不断经历痛苦，不断磨炼心性的过程，而真正驱动你变强的往往是痛苦。著名作家廖一梅曾这样评论痛苦："你如果是个一辈子都快乐无忧的人，那你一定是个肤浅的人；人类就是以痛苦的方式成长的，生命中能够帮助你成长的，大多是痛苦的事情。"凤凰涅槃必须承受浴火的痛苦，蝴蝶羽化必须承受破茧的痛苦，你能承受多大的痛苦，才能配得上多大的成功。

有人问我："杨老师，好羡慕你的生活，那么年轻就事业有成，还找到了一个那么优秀、疼爱你的老公，你是爱情事业两不误，是真正的人生赢家，我怎样做才能迅速像你一样过上幸福美满、财富自由的生活？"

我想告诉你，我今天的财富和幸福不是一蹴而就的，也不是不费吹灰之力就取得的，曾经的我为了每天10元钱的工资站着工作14个小时，为了把销售做好每天从早上七点工作到第二天凌晨两点，整整三个月没休息过一天；曾经我和周先生的婚姻也经历过从无休止的争吵，甚至一度到了无话可说、差点离婚的境地。人生就是这样的，当生活把你逼到了死胡同时，你才能在绝境里和另一个自己相逢，从而打开生活的另一个维度。

　　如果你现在正在经历痛苦，请不要气馁，因为曾经的我和你一模一样。你要相信，悲伤和痛苦都是有尽头的，就像天空不会一直下雨，总会有雨停云散之时。在这个世界上，有黑夜就有白昼，有寒冬就有暖春，有悲伤就有喜悦，只要找对方向、用对方法，你就一定可以通过后天的努力，逆转自己不幸的人生，获得全新的生命！

/02

父母正确的育儿方式

家庭是我们来到这个世界上接触的第一个环境，父母是我们人生的第一任老师，他们教会我们说话、走路、吃饭、穿衣、为人处世等。对于绝大多数人而言，我们交朋友、找工作、寻伴侣都深深地受着父母的影响，并非我们多么认同父母的人生理念，而是在我们的成长过程中，父母是我们身边熟悉的，甚至是唯一的学习对象。

很多人在第一次成为父母时，无法适应这种人生角色的突然转变，一度陷入迷茫和困惑，只能从自己有限的人生经验里去寻找应对的方法。在这种情况下，如何教育孩子？如何处理和孩子的关系？如何与孩子相处和沟通？这些问题的答案，他们往往会不由自主地向自己的父母"学习"。根据国外的一项研究表明，父母离婚，子女离婚的概率也会大幅提升；经常被父母虐待的孩子，长大后有1/3会成为虐待孩子、忽视孩子的父母。所以，才有了那句广为流传的话：小时候我讨厌你教育我的样子，长大后我却成了你。由此可见，父母的一些思想、行为、习惯都在我们和后代的身上不断延续着。

现在回忆起我过往的经历，我发现在我成长的过程中，父亲和后妈虽没有渊博的知识，也没有高级的教育理念，更没有过多的说教，但他们身上的勤劳、善良、正直、孝顺、感恩……这些品质却一直滋养着我，让我有不断前行的动力。

从一岁多母亲去世到十一岁，整整 10 年时间，我都和奶奶生活在一起，父亲只有逢年过节才偶尔回来，但很快就匆匆地走了，所以在这 10 年间我和父亲相处的时间并不多，直到我十一岁那年，后妈生下了妹妹。有一天，父亲突然回来对奶奶说，要把我接到他身边，我哭着闹着就是不愿意离开奶奶，奶奶告诉我放假了也可以回来，只有去爸爸那里读书才能接受更好的教育，而且还有妈妈可以一起爱我。无论奶奶怎么劝说，我死活都不去，看着固执的我，父亲并没有斥责，而是轻轻地走到我的身边，温和地看着我说："韵冉，你终究是我的女儿，不可能一直待在奶奶这里，爸爸一直等着你回家。"当父亲说出这一句话时，我的泪水不禁夺眶而出，因为我知道我不得不离开奶奶。

离开的那天，奶奶拉着我的手嘱咐道："韵冉，去到爸爸那里，要听爸爸和妈妈的话，在学校要好好学习。"我点了点头，不舍地对奶奶说："奶奶，你要好好照顾自己。"随后，我牵着父亲的手，三步一回头、五步一招手，和奶奶依依不舍地告别。我扭头看见奶奶眼中噙着泪站在堂屋大门前一直目送我，直到我越走越远……

在和父亲去新家的路上，我心里一直都是忐忑不安的，我不知道后妈是否喜欢我，也不知道见到她该说些什么，更不知道怎么与她相处，对接下来的生活我充满了未知与不安。

后妈是在我五岁那年嫁给父亲的，但由于她和父亲常年在外，而我一直跟奶奶生活在一起，我们之间的交流并不多。她刚嫁进来的时候，有很多"好心"的亲戚和邻居开始和我分享她隐藏的"小心思"，虽然我并不相信他们的描述，但那些话隐约在我心中砌下了一道墙。于是，我心里有了一个只有我才知道的声音："她是我的新妈妈，但她并不是我的亲生妈妈。"

直到我自己也为人母之后，我才察觉到，当时最为难的应该是后妈，对我严格些吧，会被人指点"果然不是亲生的，对这个继女确实没有多少爱"。如果放纵我、不管我，不对我进行正确的管教，也许我就没有办法成为一个有正确价值观和教养的人。时至今日，每每想起和新妈妈一起的生活经历，我就充满无限的感恩，因为她教会了我为人处世以及做一个有价值的人。

当父亲带着我到达新家时，我踟躇地站在门前，不知道该如何融入这个熟悉又陌生的家庭。正当我迟疑的时候，后妈主动走了过来，用她温暖的手轻轻地拉着我走到妹妹跟前，随后把妹妹软软的小手放入我的掌心，她慈爱的目光看着我亲切地说："她就是你的妹妹。"我扭头看了看站在不远处面带微笑的父亲，又看到后妈脸上慈爱的笑容，这时妹妹粉嘟嘟的小嘴一咧，突然发出"咯咯、咯咯"的笑声，后妈笑着说："你看，妹妹看见姐姐来了，多高兴呀！"原本内心还有些许担忧的我，在这充满笑容的家里，逐渐放下了自己的焦虑和担心。在这一刻，我突然明白：我有家了，一个有爸爸、妈妈和妹妹的家。

这是第一次离开奶奶那么久，在新家生活的第一年里，我每天满脑子里想的都是奶奶，我常常躲在被子里抽泣，不敢哭出声音，无数个夜晚思念奶奶的泪水浸湿了枕头。因为我怕爸爸难过，也怕后妈觉得我不懂事，所以我把对奶奶所有的想念都默默藏在心底。

其实，新家的条件很简陋，确切地说，是父亲用铁皮加塑料棚在一块菜地上搭起来的一个小房子，冬天冷得像冰窖，夏天热得像蒸笼，如果外面刮大风下大雨，家里就能刮小风下小雨，得用七八个锅碗瓢盆去接水。这个家虽是如此破烂不堪，父母亲却能同甘共苦，为我们姐妹撑起一片天。那个时候，我的内心深处就有一个声音：等我赚到钱了，我要让父母住上大房子，再也不要让他们过风吹雨淋的日子。

在这样的环境里，我深深地感受到父母的艰辛，所以，我从十一岁开始正式下定决心要扛起家里的责任。尽管父亲嘱咐我要好好学习，不让我去做那些又脏又累的活，但我还是会主动地帮他们分担。在父母外出种菜的时候，我偷偷在家学着煮饭炒菜，在放学回家的时候，我也会顺带着把父母的衣服一起洗干净。听说帮别人渔场抓鱼可以分到一些鱼，我就跟着父亲一起去抓鱼；听说卖田螺能赚钱，我就跑到田里、沟里、池塘里摸田螺，经常把自己弄得像个泥人似的；听说村里有很多苎麻没人去采，我就利用自己放学和放假的时间去采，从早上忙到晚上，累得精疲力竭，尽管作为小女孩的我只能做那么一点点事，但一想到能帮助家里减轻些许经济负担，我就变得格外有动力。

印象中，父亲虽然不善言辞，但他会用自己的行动为我和妹妹树立榜样。无论生活多么艰难，父亲都会勇敢承担，积极面对，很少抱怨，他想尽办法为我们创造他力所能及最好的生活。受父亲的影响，我从小就学会了做一个承担者，当同龄的女孩子还在思考如何让爸爸妈妈给自己买好看的衣服，长大以后如何找一个帅气有钱的老公时，我早在心里种下一颗种子：我要成为一棵参天大树，成为父母可以依靠的人。如果没有这种品质，我不可能创业成功，也不可能取得今天的成就。

记得刚和父母住在一起的时候，我做什么都是谨小慎微的。父亲似乎觉察到了我的拘谨，于是，他引导我做一些力所能及的家务，让我意识到自己是这个家庭里的一分子，并培养我的合作意识，增强我的责任感。从那时起我就知道，家里要过上更好的生活，不仅仅是父母的责任，更是我的责任，我必须付出更多的努力。

虽然父亲没有学过如何教育孩子，但是他的言行对我的人生却产生了深远的影响。当我长大成人后，不管经营家庭还是经营企业，我都会积极地让每一个家庭成员或企业成员把自己当成集体的一分子。正因为如此，创业以来，公司的每一个伙伴都会把公司当成自己的家，在我和先生的影响下，我们的企业和家庭也凝聚出了强大的力量。

除了这些，父亲的嘴硬心软也让我印象深刻，他知道我没有亲生母亲的疼爱，内心难免缺爱，所以他一直在用自己的方式为我弥补母爱的空缺。我记得那时家里难得吃一回肉，他自己一块都舍不得吃，默默地把肉夹到我的碗里。冬天的时候，寒风刺骨，我想帮家里洗菜，父亲大吼着让我走开，刚开始我以为父亲不喜欢我，才对我那么凶。后来当我看见父亲洗菜的手全是冻疮，皮肤都开裂了时，我才明白，他是不忍心我的太懂事让我的身体受到伤害，才会用斥责的方式让我走开，原来父亲的"凶"也是他表达爱意的一种方式。虽然那时候家里条件非常差，但父亲一直都用他自己的方式把我们保护得很好，这也让从小失去了母亲而缺爱的我，得到了一些爱的弥补。

当我进入社会之后，无论遇到多么艰难的局面，遭受多大的挫折，我都会记得父亲是我最坚实的后盾，也是我逆风前行时的最大底气，有了父爱的支撑，也让我更有力量地进行幸福传承、爱的传承……

其实，我现在被人称赞的销售能力也得益于父亲早年为我种下的种子。有一年夏天，父亲带我去路边卖西瓜，烈日当空、炎热无比，路上的行人汗流浃背，可我们吆喝了很久，也没几个人来买，眼看着太阳快落山了，我和父亲都很着急。看着我衣襟都汗湿了，父亲就切了一块西瓜递给我解暑，因为不舍得一口气吃完，我就一小口一小口地嘬着吃。这时，正好一位大叔过来问价，我连忙边吃边大声地问父亲："爸，你说为啥咱们家的西瓜跟别人家的不一样呢，咋就这么甜呢？"大叔看我吃得这么开心，心想瓜肯定还不错，立马就付了钱。就这样我在父亲身旁吧唧吧唧地吃了两个小时的西瓜，路过的行人纷纷驻足询价，没过多久，一板车的瓜就卖完了，买瓜的人边付钱边说，呦，这小姑娘吃得这么开心，这瓜肯定不错。

回顾过往的经历，我之所以能成为销售冠军，能创业成功，这和父亲从小就带着我"练摊"息息相关，见惯了人情世故，也就慢慢看懂了人性和销售的核心。所以，让孩子从小走进父母的工作和生活，是一件很有意义的事情。也许哪一天孩子从父母身上学到的一个优点，就会彻底改变他的人生轨迹。

我从父亲身上学到的不仅是承担、融入和配合，父亲的亲身经历也让我深刻认识到了诚信的重要性。

父亲除了种菜，还干过木匠。在20世纪90年代末期，一个普通的工厂工人，每月工资也就三四百元，而父亲那时已经可以拿到800元，按理说这样的收入，我家也不至于沦落到住铁皮屋，也不至于好几个月都吃不上一顿肉，但实际情况则是父亲努力做木匠活一整年会被扣押十一个月的工资，做了工却拿不到钱，这才是我家贫穷的原因。也许你觉得这种活不干也罢，但如果不去做，可能就连一个月的工资都拿不到，对于除了木匠没有其他技能的父亲来说，又拿什么去养家糊口呢？所以当时父亲有过一段拿不到工钱的经历，每次看到父亲衣服穿破了也舍不得买新的，每次看到家里炒菜都不敢多放油，我就在心里偷偷发誓，如果将来我成了老板，绝对不会拖欠员工的工资。在我看来，那些工资对于一些人来说可能只是让生活紧巴了一点，但是对于某个家庭来说可能就是活命的钱。从我创业至今，无论我遇到什么样的困难，哪怕企业真的亏损发不出钱，就算去借钱，我也一定会给员工发足工资。

父亲没念过多少书，也不懂得那么多条条框框的先进教育理念，但他身体力行的正面行为却潜移默化地影响着我，让我懂得了很多为人处世的道理。我的父亲并不富有，他只是个平凡的农民，他用自己粗糙的双手、用自己简单却又真挚的爱照见了我，融化了我，让我走出阴霾，帮助我一步步成长，最终才成就今天更好的自己。

坦白地讲，父亲带给我的不只是正面的影响，他也有自己的缺点，在我的记忆中，我和父亲也有一些不愉快的经历，可是，为什么我没有受到负面事情的影响？或者说为什么我能从童年阴影中走出来？我又是用什么样的方法走出童年阴影的？在接下来的章节里，我会详细地告诉你，如何改变和修正不良的家庭记忆，如何从内在进行调整，让自己走向积极的人生。

/03
如何走出童年阴影

　　十一岁后，我重新找到了一个完整的家的感觉，也体验到了父母的关怀与温暖，但是童年的伤疤并没有从我的记忆里消失。在很长一段时间里，我在内心仍对亲生母亲充满埋怨，对于有些亲戚的"落井下石"仍难以释怀，我也会常常陷入负面情绪里，但却因为一个人，让我的想法发生了彻底的转变。

　　后妈是一个典型的传统家庭妇女，没有工作，待在家里相夫教子，常常因为柴米油盐酱醋茶的小事和父亲发生激烈的争吵。由于家庭收入微薄，父亲多抽一包烟，后妈多打一次牌，都有可能成为矛盾爆发的导火索。每次他们争吵的时候，我就站在旁边，尽管大部分内容我已忘记，但在我的印象中，提得最多的就是钱。那时，我就在想，等我长大了一定赚很多钱给他们花，那样他们就不会再吵架了。也就是从那时开始，在我的内心深处埋下了一定不再为钱发愁的种子，因为我不想长大后像父母一样为了钱吵架，我一定要解决金钱的问题，让自己的人生少一点烦恼和困惑。那我是如何从一个没背景、没资源、没人脉的穷丫头实现财富自由的呢？这是在后面的章节我会重点讲的内容。

　　后妈虽然只是一个普通的家庭妇女，但她的教育一直深深地影响着我，如果没有她的正确指引，也许我会一直生活在童年的阴影里。跟奶奶生活的时候，叔叔总说我成绩不好，但当我十一岁开始跟父母一起生活的时候，后妈会经常和我说："你很棒！"虽然我的总成绩并不是太好，但是我语文很好，几乎每次考试都是班级第一名。记得有一次，我的作文获得了"全国春蕾杯大赛"三等奖，被收录在作文书里当参考范文，还得到了5元钱的奖励。那时候，我正上小学六年级，后妈说要额外奖励我一套新衣服。我永远记得那一天后妈骑着自行车，载着我到了市里面的步行街，我们看了许多漂亮的衣服，我想买一套那个时候最流行的牛仔服，但是一问价格，我们就果断地选择了放弃，直到在一家铺面找到了一套后妈满意又经济实惠的衣服。这套新衣服虽然又大又长，但它已经是当时的我最奢侈的一套冬装了，这套衣服穿到第二年冬天，烤火的时候，裤子膝盖处却不小心被溅出来的火花烧了一个大洞，即便如此，我依然穿到了初三毕业。因为家里穷，这套新衣服我整整穿了4年，小学六年级穿的时候，衣服又大又长，而初三穿的时候，这套衣服却变得又小又短，加上裤子膝盖处被火烤过的"伤疤"，也受过无数同学的"冷嘲热讽"。我特别羡慕我的那些兄弟姐妹，他们的父母每年都会给他们买新衣服穿，但是我从来没有因此而怪过我的爸妈，因为家里的条件的确要差很多。而正因为这样的经历，更让我在上学的时候就下定决心，以后一定要努力赚钱，帮助家里脱贫！

我还记得在我们家最穷的时候，家里炒菜没油，我们经常喝白粥、吃青菜，有些亲戚不但不施以援手，甚至还落井下石、恶语相向，年幼的我因此产生了非常强烈的怨恨情绪。有一次，被刻薄的亲戚辱骂之后，我哭着跑回家气愤地对爸妈说："等我们以后有钱了，一定要和这些亲戚断绝关系。"虽然我嘴上这样说，但是我却并没有真的和那些亲戚断绝关系，更没有想着如何去报复他们，反而在心里默默地较劲，我告诉自己，等以后有钱了，我一定要拼命地对这些亲戚好，让他们意识到自己当初是错的，让他们感到愧疚。这种负面情绪虽然能给我带来奋斗的动力，但终归不利于一个人的健康成长，特别是在那个初步构建世界观、价值观的年纪，很容易让人养成偏激的性格，给人生带来不良的影响。

看到我对有些亲戚充满了抱怨、不满、愤恨的负面情绪，后妈就来到我的身边平静地对我说："别人没有帮我们是正常的，没有任何人有义务帮助我们，倘若以后他们遇到困难了，我们不仅不能落井下石，还要去帮助他们，如果我们选择和他们一样自私自利，那我们和他们又有什么区别呢？"后妈的话让我醍醐灌顶，如果我用他们对待我的方式去"报复"他们，那我不就把自己变得和他们一样了吗？我不要成为自己讨厌的人的样子。如果在你的身边出现了你非常厌恶的人，那么，可能是这个人身上拥有你认为的某些不好的特质，所以才容易引起你的反感，在这种情况下，如果你把他对待你的态度和方式用在他的身上，其实，你也在不知不觉中成了自己讨厌的那种人。

能够坚持用正确的价值观和世界观去看待这个世界并坚守初心，这是大部分成功者共有的特质。在我的成长过程当中，有人欺骗过我，有人辜负过我，也有人恶毒地辱骂过我，但我并没有因为他们的行为而改变自己的为人准则。因为我知道我是一个什么样的人，我未来想要成为一个什么样的人，这和外界并没有直接的关系。

后妈除了教会我如何正确对待那些伤害我的人，还教导我滴水之恩一定要涌泉相报。这个世界就是这样，有阴暗的一面，也有光亮的一面；有冷漠的一面，也有温暖的一面。在我们生活最困难的时候，有一些亲戚顾念情意，拿着鸡蛋和肉来接济我们。亲戚走后，后妈都会对我和妹妹说："别人送我们一个鸡蛋，我们以后一定要回报别人一箩筐鸡蛋，要懂得感恩，不要把别人对我们的好认为是理所当然，更不要有占别人便宜的心理。"后妈说的这些话无形之中在我的心里扎下了根，成为我为人处世的指导思想，以至于时至今日，我依然清晰地记得每一个帮助过我们的人，以及在我成长路上每一个曾帮助我的人，只要自己有一点能力，我都会尽最大的努力去报答。后妈教给我的并不只是知恩图报的道理，更重要的是，她让我明白了要学会忘却恶意，铭记善意，这是最为宝贵的财富。

家里长辈告诉我，我的亲生母亲是自杀离世的，自此，我就一直记恨着她，我觉得她太自私了，抛下我和弟弟，自己终结了生命，让我们成为没妈的孩子。这种想法扎根于我的脑海里，已经成了我心里的一个解不开的死结，严重影响了我的生活，但后妈的教导却在我的内心深处埋下了一颗和亲生母亲和解的种子。直到多年以后，我遇到了我的先生，他推荐给我看《灵魂的出生前计划》，书里写道："这一生你会和谁相遇，发生什么大事，遭遇什么关卡，其实都是你出生前计划好的；与你有过最大冲突或让你痛苦难过的人，其实是最爱你的灵魂家人，受你之托，此生来扮演你生命中的黑天使，协助你成长……"这本书让我的内心终于得到彻底的疗愈。后来，我开始在内心深处和自己的亲生母亲进行了心灵上的和解。我也会想起后妈一直以来的教导——忘却恶意，铭记善意。我忽然明白，虽然亲生母亲丢下了我和弟弟，但是她在人生最绝望的时刻，并没有选择带着我和弟弟一起离开，而是选择自己一个人孤零零地去往另一个世界，这充分说明她对我们的爱意远远超过了自己赴死的决心，这种对我和弟弟的爱，也许是她认为人世间最珍贵的感情吧。

想明白了这个道理，我对亲生母亲不再有怨恨，而是充满了无限的爱与感恩，曾经断掉的母女间爱的链接再次连接在一起，这让我的内心也开始变得无比强大，继而投射到我的婚姻关系和人际关系里，让我在人生的追梦路途中一路遇到贵人。而当我受到了别人的帮助时，我也给自己做了一个决定：我也要成为更多人的贵人。帮助那些曾经和我一样的人！

写到这里，我想告诉正在阅读本书的你：世界上没有完美的父母，更没有完美的童年。我们的童年不管是充满幸福还是遗憾，都是多种因素作用下我们的父母尽的最大努力。有时候，父母用了错误的方式对待我们，让我们遭受了原生家庭的伤，如果我们总是在不停地抱怨自己童年的不幸遭遇，其实，并不能解决任何问题，反而只会让我们成为抱怨者和受害者，真正对我们有益的是成为自己生命的承担者、责任者、感恩者、创造者。

我认真地审视自己的过去，并思考还有哪些可以改进？哪些可以更好地传承？我发现我遇到的逆境也越来越少，随之而来的顺利人生也越来越好！正向地思考人生就能做出正确的指引，当我们能够在当下醒来就可以摆脱童年的阴影时，当我们能够活出自己生命的创造者状态时，原生的伤害就已经被疗愈了。

我写本书是为了告诉大家，在你没有觉醒之前，有时候你所受的伤害，只不过是你内在的匮乏或者错误的认知：你觉得自己被伤害了。原生家庭的创伤是可以疗愈的，同样的童年遭遇，如果你能用不同的视角去看待，就会得出不一样的结果。

第二篇

好的认知，好的态度，好的人生

/01
第一份工作的重要意义

很多人说，人生的第一份工作是非常重要的，将有可能对一个人未来10年的生活产生重大影响。乔布斯的第一份工作是中学时期在惠普公司兼职，当时认识了史蒂夫·沃兹尼亚克，两人后来一起创建了苹果公司，影响了整个世界；马云的第一份工作是英语老师，这让他在杭州翻译界小有名气，所以他才有机会认识很多来自美国的外教，在和外教的沟通过程中，他知道了互联网，知道了除实体商业之外的另一种商业模式，这才让他下定决心开始创业。对我而言，我的第一份工作也对我未来的工作轨迹和人生规划产生了很大的影响。

十六岁那年，我初中毕业，在体育不及格的情况下，我距离重点高中分数线仅仅差了7分。班主任听我说不上高中了，便亲自跑到家中苦口婆心地劝我一定要继续上学，老师跟我父母说："韵冉成绩很好，让她继续读书吧，这样的好孩子，不上学可惜了！"爸妈听了都支持我继续读书，可一想起爸爸起早贪黑种菜的辛苦，后妈节衣缩食的艰难，我实在是不忍心他们因为我再承受更大的压力，当着父母的面，我拒绝了老师的好意。

我至今依然清晰地记得决定不再读书后的那个夏天，我带着失落和对未来的迷茫回到了奶奶家，奶奶拉着我的手，温言细语地安慰我。在奶奶的眼里，不管我读书与否，她对我的爱都不会少一分，我始终都是她眼中最乖的孙女。可是，有些亲戚看到我不上学也不出去工作，每天住在奶奶家里无所事事，一些风言风语就接踵而来了。在奶奶家住的那一个星期是极其煎熬的，每一天都仿佛度日如年。要强的我实在是受不了别人不屑的眼神和难看的脸色，毅然决定外出打工证明自己！

那时候，我的一个小学同学从外面打工回来了，她在一家饭店做服务员，听说我也想出去打工，便爽快地答应带上我一起。就这样，我憋着一股气，没有告诉爸妈，偷偷地跟着她跑去了市里面的海鲜饭店做服务员。

到了饭店之后，瘦弱的我开始了自己人生当中的第一次工作——一次不算美好却异常难忘的经历。饭店服务员的工作是每天早上九点一直到晚上十二点，生意好的时候甚至要工作到凌晨一两点。有客人的时候，我要端茶、倒水、传菜；没客人的时候，我要打扫卫生、门口迎宾。一天当中，除了吃饭、睡觉之外，其他时间基本上都是站着的。除此之外，还要学会察言观色，时刻照顾好顾客的需求。就这样，我每天在饭店的包间和大厅之间来回奔走，手上托盘里端着沉甸甸的菜盘跑来跑去。到了晚上休息的时候，感觉手脚都不属于自己了，更让我难受的是每天还要早早起床去饭店做准备工作，这对喜欢睡懒觉的我来说简直是一种折磨。于是，我萌生了一个想法：我以后一定要当老板，那样就可以自由地选择工作时间，也可以在上班时想坐就坐、想站就站。对当时的我来说，这也仅仅是一个想法而已，初入社会，对一切都是懵懵懂懂的，并不知道怎么做才能当老板。

现在回想起来，我发现正是这份工作让我接下来的人生发生了改变。正是深刻地体验到了长时间站立的辛苦，促使我后面找的工作都是可以坐着上班的，而早起的艰难让我埋下了一颗当老板的种子。

熬过了第一个月，我领到了人生中的第一笔工资——220元钱，我兴高采烈地拿着这笔钱跑去银行存了 200 元钱，我计划着 150 元钱给爸妈，50 元钱给奶奶。很多人以为我是有钱之后才开始孝顺长辈，其实并不是，即便是在我最困难的时候，我也没有忘记及时行孝，这一点我跟父亲很像。

小时候，家里穷，没有通电，只有一盏煤油灯，每天晚上只能在昏暗的灯光下看书、写作业，而我也在那个时候近视了。有时想看电视，只能周末跑去别人家看，我记得没有电的生活过了整整两年，但就是在如此艰苦的条件下，父亲仍尽己所能地给奶奶买吃、穿、用的，他对奶奶的爱和孝顺并没有因为自己的贫困而减少半分。在奶奶的所有子女中，我骄傲地认为父亲是最孝顺的孩子，今天，我之所以能从一个一无所有的农村女孩实现财富自由，也与我一直在践行孝道有着十分密切的关系。在后面的章节里我会告诉你，孝顺父母和你的家庭、事业、财富的关系。

存好钱之后，我攥着剩下的 20 元钱，去街边的鞋店买鞋，由于预算有限，我在店里转来转去，发现只有门口 10 元钱一双的折扣断码皮鞋能买得起。我当时穿 36 码的鞋，可只剩一双 35 码的皮鞋和我的码数接近，犹豫了很久，看了看其他漂亮的皮鞋，又看了眼自己仅剩的 20 元钱，最后，我咬了咬牙，将脚塞进了小一码的皮鞋里。次日，我穿着小一码的皮鞋端茶送水上菜迎宾，跑前跑后，一干就是 10 多个小时，晚上回到住处，才发现自己的脚趾已经肿得像柿子一样了。看着自己又红又肿的脚，让初入社会的我深深地感受到了赚钱的重要性。

几十元钱的一双鞋，对绝大多数人来说挥一挥手就买了，但当时的我反复思量了好久还是没舍得买。消费几十元钱对别人来说可能是微不足道的小事，但对当时一天站着工作 14 个小时只有 10 元钱的我来说却是难以解决的大问题。其实，一件事本没有绝对的大小之分，决定事情性质的，是你当下所处的位置和你看待这件事的认知。如果让今天的我穿越回当年，我绝对不会因为一双鞋犹豫那么久，更不会为了省钱而穿上小一码的鞋子，因为，在今天的我看来，那不过是一件微不足道的小事情。其实，买鞋那件事并没有改变，外界的一切都没有改变，唯一发生改变的是我自己：今天，我已经从一个穷丫头变成了一个财富自由的人，那些曾经发生在我生命中的难题，对今天的我来说都不再是问题。

但是，在我们的身边，有的人因为20万元的手术费情绪崩溃，有的人炒股损失了几百万却神情自若，有的人投资亏了几个亿依然心平气和，是什么决定了他们的不同？是他们所处的位置和看待世界的认知。如果你当下遇到无法解决的难题，叩问一下自己，10年后这件事对你来说还是一个大难题吗？如果不是，那就用10年后你将要到达的位置和认知来看待当下的事，所有的难题都将不再是问题。

穿小一号皮鞋这件事，让我深刻地意识到生活的现实，想要自主选择自己所爱，想要不将就地随心生活，这些都需要强大的实力来支撑。为了让自己活得更加自由，也为了让爸爸妈妈和奶奶过上更好的生活，这种要变强、变富的执念成了我初入社会努力奋斗的源动力。

工作虽然很辛苦，赚得也不多，却让我爱上了赚钱的感觉。当我把每个月领到的大部分工资给父母和奶奶后，看到他们的生活因为我而有所改善，看着妹妹每次收到我买的礼物时高兴的样子，我觉得特别幸福。生活中，有的人因为攀比而感到优越，有的人因为过得比他人好而感到满足。而我的每一次付出，都会让我收获真正的幸福。

人生中的第一份工作固然很重要，但如果你认为你的第一份工作是在工厂里，就代表着你未来一辈子都在工厂里，那就大错特错了。当初和我一起在饭店打工的小姐妹，有的人至今还在做服务员，有的人去了工厂，有的人开了小店，也有像我这样创业的。我们都有同样的工作经历，最后却活出了截然不同的人生，问题的根源到底在哪里？在于如何看待自己的第一次工作经历。

正因为经受了长时间站立工作的苦和早起的难，我才会思考如何改变这种现状，从而萌生了当老板的想法，但是有的人看到工作这么辛苦，可能就会认命，认为自己只能干这种工作，一辈子都没有做出改变。观念上的区别，就是人与人之间最大的区别。如果你想要改变自己的人生，首先应该做的就是提升自己的思维，学会用正确的视角看问题，视角一变，一切都会变。

/02

如何处理青春期的情感

有很多单身的朋友经常问我："杨老师，遇到一个我喜欢的人，或者喜欢我的人，如何知道他是否真的适合我呢？"有人说看感觉，有人说看缘分，这些都是一些模糊的回答，在此，我想通过自己的亲身经历，将一些方法分享给有需要的朋友。

在饭店做服务员的时候，我遇到了一个喜欢我的男生。他五官清秀、长得又高，对于一个正处在青春期的十六岁小女生而言，对恋爱有一种懵懂的向往。虽然那时的我刚刚进入社会，接触的人事物都很简单，对什么也都是似懂非懂，但我依然通过一些方法判断出这个男生并不适合我。

首先，我是一个责任心很强的人。无论是做服务员，还是后来创业当老板，对待工作我都本着一丝不苟的态度，无论做什么我都会要求自己在能力范围内做到最好，因此，我很难接受敷衍和勉强应付的工作态度，而那个男生恰恰就是一个对自己没有要求、得过且过的人。价值观不同的两个人，未来一定很难和谐相处。

其次，我看重一个人是否有孝心。一个人如果连生养他的父母都不爱，很难想象他会全心全意地爱自己的另一半。我每个月都会从自己的工资中拿出一部分钱给爸妈和奶奶，也会买礼物回去孝敬家里的其他长辈们，只要有时间，我一定会和家人联系，但是那个男生的钱大多都花在自己的享乐上，赚一笔花一笔，他从来没有考虑过要改善家人的生活状况，也很少和父母联系。通过这一点，我发觉他并不是一个有担当的人。

虽然我们认识的时间并不长，但凭借责任心和孝心这两点，我很快判断出他并不是那个可以和我相守一生的人。

在情窦初开的年纪，可能会遇到一些让我们荷尔蒙上升、心跳加速的人，很多没有恋爱经验的男孩和女孩就会误以为这就是自己所谓的爱情，他们头脑发热，不顾家人的反对，不顾朋友的劝告，不顾一切地投入轰轰烈烈的爱情，往往这样的感情结局都不太美好，还有可能给自己的心理和生理带来无尽的创伤。在这里我想告诉想初尝禁果的朋友们：一定不要因为外貌的吸引和几句甜言蜜语就轻易地交出自己最宝贵的东西。当荷尔蒙消退，一切重归于平静后，那才是你们感情生活真正的开始，所有的爱情都会经历从诗情画意到柴米油盐的转变，在这个过程中，你需要认真地思考对方的三观、性格，以及两人的家庭、未来规划等现实的问题，这需要经过一个漫长的考察期才能找到答案。

在与我的先生周文强相遇的时候，我在他身上看到了诸多优点：上进、孝顺、有责任心、有梦想、自信、真诚……他人生的每一项规划都有我的参与，几乎就是为我量身定制的完美伴侣，但我也没有因此被爱情冲昏头脑，我和周先生经历了长达四五年的"试婚期"，在这期间，我和他走南闯北，无论是学习、打工、创业，我都陪在他身边，在和他的不断磨合中，我见证了他最真实的样子，最终，我才确认他是能够和我一生相守的那个人。

在感情的世界里，我是一个非常理智的人，即便那个追我的男生非常帅，也让我产生了心动的感觉，即便周老师非常优秀，是完美的理想伴侣，我依然能够恪守本心，用自己的理智去评估这段感情。我希望所有人在面对爱情时能够多一些理性。

在我们的一生中，会有三次重要的人生转折点：第一次是出生在一个什么样的家庭，这一点我们没有选择的权利；第二次是考上一个什么样的学校，但在做这个选择时我们的年纪都很小，大多时候听取的都是父母或老师的意见，选择的学校也不一定是自己满意的，还有很多人因为各种原因并没有进入大学；第三次便是真正能够被我们主导的一次人生转折点——选择伴侣。其实，选伴侣就像选股票，你选潜力股还是垃圾股将会影响你的后半生，因此，在找对象的时候，一定要谨慎、冷静、细致地思考，千万不要感情用事，把自己匆匆交代了。

年少的时候，我们可能都会有一些懵懂又青涩的感情经历，这个人可能会陪我们走过一小段人生旅程，但无法和我们相守余生，我们要学会自己去判断和选择适合自己的人。婚姻和人生一样，没有彩排，一次错误的选择所造成的影响可能是终生的，也可能是毁灭性的。我们千万不能在花言巧语的哄骗下，或在亲朋好友的催促下，选择一个不适合自己的伴侣，给自己带来无法弥补的遗憾和伤害。

在这里，我想给单身的男孩女孩们五点择偶建议：一、找一个三观一致的人。当三观一致、志同道合时，你们才有信心和底气去共同面对未来的风霜雨雪，你们的感情才能经受得住岁月的考验和时间的洗礼；二、找一个有孝心、责任心、上进心的人。有了这三个品质，即使你们现在一无所有，未来也能把日子越过越好；三、找一个爱你的同时你也爱的伴侣。只有彼此相爱才能相互理解、相互包容，感情才会走得更长久；四、找一个双方父母都认可彼此的伴侣。因为只有得到父母认可和祝福的婚姻才更容易走向幸福，如果父母不认可，婚后就有可能因为双方家庭的原因走向破灭，即使最终能走向幸福，过程也会经历痛苦；五、做一个给予、向上、善良、正能量的人。只有成为更好的自己，你才是另一半心中最好的伴侣。

一对真正契合的灵魂伴侣，至少需要经过"正确选择——相互吸引——认真考察——用心经营"四个阶段去培养感情，只有这样，才有可能共度一生。很多人之所以婚姻不幸福，或者结婚几个月就离婚，很重要的原因就是选错了人，或者是完全不会经营感情。

在本书里，我将从自己的择偶、恋爱、婚姻、自我成长四个阶段告诉你如何做才能更好地收获幸福。

/03
你的每一段经历，都是在成就你

在海鲜饭店工作了三个月后，我表姐回到了老家，奶奶听说表姐在工厂工作一个月有好几千元钱，而当时做服务员的我一天只有10元钱，于是，奶奶便找到表姐说："把你表妹带出去吧！"表姐欣然答应了。我很快从饭店辞职。我决定离开饭店跟表姐去东莞打工，并不仅仅是因为外面工资高，还有一个重要的原因：当我认定追求我的那个男生不是能和我相守一生的那个人时，我决定给这段感情做一个彻底的断舍离。在我辞职的那天，他苦苦地哀求我留下来，但我还是义无反顾地选择了离开，我没有告诉他联系方式，也没有告诉他我将要去往何方。

2003年1月，距离春节只有不到一个月的时间，我跟表姐坐上了开往广东的火车，我们出发的那天风和日丽，看着窗外白云飘动，我挥手和故乡和故人告别。既然注定没有缘分，还不如一别两宽，各自安好。经过一天的奔波，临近傍晚的时候表姐带着我踏进了广东东莞这片土地。我拎着简单的行李来到表姐的住处，安顿下来后，表姐就去厂里联络，安排我进厂上班。她当时在工厂做行政，一切都还算顺利。从湖南乡下走出来，在东莞落下了脚，这就是我当时最真实的想法。

第一次出远门的我非常珍惜这份来之不易的工作，尽管我只是流水线上一名普通的包装女工，但相比之前做服务员已经轻松了很多，工资也从之前的一天10元钱变成了 16 元钱。当旁边的人都抱着拿多少钱干多少活，慢悠悠地工作混日子的时候，我就告诉自己："杨韵冉，你和他们不一样。"于是我每天都在拼命地增加产量、提高质量，而不是跟他们一样得过且过。虽然我的工资不是以产品的数量来计算，但我永远追求自己的产量一天比一天高。我逐渐超越了流水线上的所有人，并且每天都在超越前一天的自己。

我今天能获得成功有一个重要的因素，就是严于律己，不断超越自己。在做教育培训的这十几年里，有无数学员问我："杨老师，你和周老师究竟是怎么成功的啊？如何才能一夜暴富？"每次面对这样的问题我只能无奈地笑笑。因为任何人的成功都不太可能是等在原地突然一夜暴富，除非天上掉馅饼中了彩票头奖。我和周先生之所以能够取得一些成果，是因为我们 10 多年来一直在高标准要求自己，我们对自己在成长上的要求是：保持学习不断成长，事业一年比一年经营得更好。

当我一个月赚 300 元的时候，我想的是如何超越自己，拿到 500 元的工资；当我赚到 500 元的时候，我又有了新的目标。就这样，随着一个个小目标的实现，我们在积累到一笔可观资金的同时，也积累到很多宝贵的经验，这时才开启了创业之路，逐步跨越雇员、小老板象限，进入企业家、投资家象限，最终才成为今天的我们。如果今天的你一无所有，也不要把自己的目标定为一夜暴富，因为这个世界上没有一夜暴富的计划，你应该沉下心来，不断地学习，制定一个可以触摸得到的目标，先完成第一桶金的积累，再去思考如何获得更高层次的发展。

我在做包装女工的时候，尽管工资不高，但这丝毫没有影响我提升自己的脚步。我每天都在思考如何才能让自己今天的产量多过昨天，因为我很清楚，当我超越了我自己后，就没有人能够超越我。其实，我当时拼命工作还有一个很重要的原因，虽然我知道追求我的那个男生不是我理想的伴侣，但他毕竟是我进入社会以来第一个对我好的男生，也是我喜欢的第一个男生。刚到东莞的那段时间，我的脑海里还是会时不时地浮现出他的身影，回忆起和他相处过的美好时光，为了克制我的思念，我强忍住不和他联系，屏蔽关于他的一切，并让自己全身心地投入工作中忙碌起来，让自己的脑子变得没有空闲的地方容纳他的位置，就这样随着时间的推移，逐渐将这段感情给淡化了。

在工厂工作了差不多一年的时间，有件事成了我的人生转折点。堂姐虽然只有初中学历，刚来工厂时也在车间做工人，但她勤奋好学，利用空闲时间学了电脑，自考了大专学历，然后便成功走出了车间，得到了一份办公室文员的工作。堂姐的改变颠覆了我的认知：原来一个初中毕业的孩子也能走出封闭沉闷的车间，也能摆脱循环往复机械式的工作，我的世界一下子被点亮了！

有的人成为科学家，有的人成为企业家，有的人一辈子都在出卖体力干着最苦最累的活，难道那些底层的人不渴望过上更加美好的生活吗？当然不是，只是因为他们生活在一个封闭的圈子里，每天结交的都是和他们类似的人。他们想象不到一个没有文化的人如何才能出人头地，也不敢踏出自己眼前的圈子，对未知的世界充满着恐惧，他们只能选择待在原地。而成功的起点就是梦想，是梦想的力量点燃了我们的动力，拉升了我们的格局和境界，助我们练就了能力，让我们接触了更广阔的天空。

堂姐的改变，一下子让我看到了"梦想"。走出车间就是我努力的方向。我告诉自己："杨韵冉，你跟她一样，她可以，你也可以！"于是，我开始全方位地向堂姐学习，她学了电脑，我就利用业余时间去学电脑，学习各种办公软件，如 Word、

Excel、CAD 等，从一无所知到熟练掌握。当我学会了这些办公软件之后，我想着能像堂姐一样早点离开枯燥乏味的车间，进办公室当文员。我利用放假时间去一家工厂面试了工程师助理，这家工厂每天从早上八点工作到晚上十点，每个月只有两天休息，但还必须请假调休，非常辛苦。在这家工厂工作了几天后，我准备请假一天，回原来的工厂辞职，然后全心全意地做工程师助理。当我拿着请假单去办公室找总经理签字时，敲门的声音打扰到了总经理休息，不等我开口请假，他就极不耐烦地说："以后不用来上班了，你被开除了。"当他说出这句话的时候，我并没有难过，反而松了一口气，我暗自庆幸还好没在这里上班，要不还不知道未来要经历什么。

之所以讲这段经历，是为了告诉大家，我们一生中会做很多决定，其中难免会有错误的决定。上帝在关上一扇门的时候，一定会同时为我们打开一扇窗，所谓"福祸相依"就是这个道理。既然此路不通，那肯定会有更好的选择等着我们。

回到原来的工厂后，紧接着的突发事件更加坚定了我离开工厂的决心。一个深夜，我的肚子突发一阵绞痛。我在床上翻来覆去，脸色由红变白，手心沁出了汗滴，不停地颤抖，连说话的力气都没有了，几乎疼到休克，在室友的帮助下，我被送去了医院。经过诊断，是肾结石，医生建议立刻进行激光碎石，手术费需要 1600 元。对于当时一个月工资只有三四百元钱的我来说，哪里能拿得出这么多的钱，表姐和几个同事东拼西凑，才凑够了我的手术费。做完手术，我躺在床上不禁陷入沉思，原来，我半年的工资只够做一次小手术！那一刻，我想换工作的想法就更强烈了。在工厂里，无论我多么努力、多么出色，工资都是很低的，我要找一份工资更高的工作。

为了还清表姐和同事借我做手术的钱，我继续留在车间工作了十个月，等到所有债务都还清了，便毫不犹豫地离开了工厂。我去了一家韩国工厂面试工程师助理，可能是冥冥之中自有天意，等我去的时候，工程师助理刚好招满了。但看到我顶着烈日前来面试，眼神中又充满了对这份工作的渴望，采购部的负责人决定给我一次机会，他对我说："现在我们还有一份采购助理的工作，你是否愿意试一试呢？"我高兴坏了，当场就答应了下来。当时我并不知道这个决定会改变我的一生，我只是单纯地觉得自己通过努力，终于可以拥有一份待在办公室的工作了。

多年后，当我回首往事时，才意识到成为采购助理是我人生中非常重要的决定之一。正因为那段工作经历让我第一次真正意义上接触了销售，让我明白了自己的人生方向在哪里。

实现了进办公室当文员的目标后，我的收入提升了，工作环境也改变了，看着同事们下班后都没有学习，只知道休闲玩乐，我也受到了影响，迷失了自己。我在下班后常常跟着同事留在厂里玩游戏、聊 QQ、看电影，不知不觉地沉溺于玩乐，也逐渐忘记了自己当初立下的要改变家族命运的誓言。就在这个时候，当初面试我的采购部领导找我说了一番话，让我及时调整了人生的航向，开始朝着更好的方向发展。

他把我叫到办公室，轻轻地问我："小杨，你的梦想是什么？"我答道："好好做文员，帮家里减轻负担。"他继续问："如果说你的人生是一辈子做文员，那我问你，你希望自己四五十岁还在那个办公室里待着吗？"我一时语塞不知该怎么回答。他继续说："你要知道有一些工作是吃青春饭的，你能确保自己打工的这家公司不会遇到危机吗？你能确保这份工作一直会给你稳定的收入吗？"我沉思了一下，发现自己什么都确保不了。这时，他看着我说："小杨，这些事情都有不确定性，但你可以确保你的能力，通过学习、历练、行动得到的能力提升，这是长在你的身体里的，就算这家工厂未来倒闭了，但是你有能力在，你依然可以获得你想要的任何匹配你能力的人生。"领导的这一席话让我醍醐灌顶。

领导又说:"小杨啊,里面那个坐在办公室的财务一个月工资4000元,比你现在一个月800元的工资高很多,但我要告诉你,她已经四十岁了,依然只有4000元的工资。你想象一下,你四十岁的时候只能拿到4000元的工资,那个时候的物价,4000元钱能解决什么问题?可能什么问题都解决不了。我给你一个建议,就是所有只要有助于你提升全方位能力的事情,你一定要主动去做,一定要趁着现在年轻,多看一点书,多学一点技能,别人不愿意干的活你要抢着干,对你未来的发展一定会有帮助的。"从领导办公室出来后,我清醒了很多,我告诉自己:杨韵冉,你跟那些得过且过的人不一样。

作为我人生中重要的贵人,他的一席话让我以全新的态度面对工作,苦活累活抢着干。生产助理需要帮忙,我就帮他跟生产部门对接;仓库管理有很多事情忙不过来,我就积极主动地去协助。只要有人需要帮忙,我都会主动去帮忙,在那段时间,我几乎做遍了所有岗位。当时,很多同事看我工作这么辛苦,又不涨工资,都笑我太傻,但正因为我的"傻",我学到了大部分岗位的技能,比如仓库管理、生产管理等,有时候还跟着业务员去拜访客户。

当我创业后,我发现很多职位我曾经都干过,很少有我不懂的业务。除了主动承担之外,当时收入并不高的我还经常会请比我厉害的人吃饭,主动向他们请教,只为了能从他们身上学到本事。当时我自己出差只吃3元钱的路边摊,渴了连一瓶矿泉水都不舍得买,但在人际关系上我非常舍得投资,这样的处事方式让我获得了不少好人缘,也让我学到了很多新知识。采购助理的这段经历不仅让我对销售有了初步的认识,还为我日后做销售和创业奠定了基础,这是我人生中非常充实的一段时光。

多年以后，有一次和采购部领导吃饭，我问他："工厂有那么多人，为什么您偏偏要找我谈话？"他非常真诚地说："你是一个好孩子，孝顺奶奶、孝顺父母，疼爱妹妹，心地善良也懂得感恩，我当然愿意帮助你。"他的这一番话也成为我日后创业用人的标准之一。现在，我们企业用人的标准是你可以没有经验，也可以没有技术，但你一定得是一个孝顺的人。因为我们难以想象，一个对父母都不孝顺的人，如何会全心全意地跟着我们一起干事业。从创立公司至今，除了号召公司的伙伴孝顺父母之外，每逢过年，我和先生都会亲自为公司每位伙伴的父母包一个红包，让他们带回去送给父母，让每位伙伴的父母都能感受到爱。

其实，我们和父母的关系就代表着我们和生命万物的关系，只有孝顺的人，才能够承载更大的财富，才能吸引源源不断的贵人相助。而这个爱的举动，也影响了我们团队的每一位伙伴。孝道文化对于我们做人做事、经营企业、传承文化等都有着举足轻重的意义。我先生周文强常说："我为这个社会付出了什么是小意思，我为这个社会激发了什么才是大意思！"身体力行地行孝，激发更多人孝顺父母，成了我们时时刻刻在做的一种文化传承……

当我全身心地投入采购工作时，真正地应验了两句话，一句叫"皇天不负苦心人"，另一句叫"柳暗花明又一村"。有一天，我跟着工厂的业务员去了会展中心，他们花了10元钱买了两张励志的光盘，看完之后他们觉得没用，将光盘丢在了一边，好奇的我拿起了光盘想学习一下，没想到这个举动却成为我人生的重要转折点。

在看光盘之前，我所理解的销售就是求着客户买单，是非常卑微且没有尊严的职业。当时，我身边做业务的同事都是那样的，他们见客户时低声下气、点头哈腰，为了签单私下里给客户送礼、拍马屁，而我是一个很有骨气的人。在做采购助理的时候，就给自己定下了三个标准：第一，绝不出卖色相；第二，绝不卑躬屈膝；第三，绝不拿客户回扣。在我做采购助理的那段时间，有很多客户跟我说："韵冉，你从我们这里进货，给你好处。"每当这个时候，我都是一口回绝。

尽管那时我才不到十九岁，也并不富裕，但我做到了拒绝诱惑和不当得利。如果我通过采购得到回扣，通过贪污赚到钱，我会很鄙视我自己。我的价值观是：人要有所为，有所不为，不能为了利益什么都为。当你有了正确的价值观，不赚取不该得的收入的时候，才能走向更稳定的人生道路。也正因为我坚持原则，当时我的采购业务推进得并不是很顺利，我一度怀疑过是不是自己做错了。直到看完了那两张光盘，我兴奋得一夜未眠，终于发现，我所坚持的原则是正确的。做销售根本不需要低声下气，我完全可以堂堂正正地把产品卖出去。真正的销售是给客户创造价值，而且做销售几乎是创业的必经之路。如果未来我想创业改变命运，必须先从销售做起。

其实，不管从事哪个行业，总会听到一些流言蜚语。就像很多人认为销售只能讨好客户、卑躬屈膝一样，甚至很多人把销售这个职业等同于"吹牛专业户"，为了签单不择手段出卖尊严。这个时候，我们不要盲目相信，而是应该走出去，打破自己的认知局限，我们的思维提升了，才能找到解决问题的方法。一个认为销售是没有尊严的人，肯定做不好销售；一个认为金钱肮脏的人，肯定赚不到钱。如果现在你有一个目标想要实现，最应该做的就是围绕这个目标去拓宽思维，提升能力，这才是更快接近目标的方法。

那两张光盘为我打开了新世界的大门，当我听完里面讲的"卖产品不如'卖自己'"，以及很多的创业法则后，我兴奋不已，彼时，似乎有一个新的方向在我的心里萌芽：我要做销售，只有销售才有可能改变我的命运。但几乎是零基础的我应该如何进入销售这个行业？我去找部门领导坦诚地说："领导，我想做销售，我在您这里可能干不了多久了。"听闻我想要离职的想法，领导并没有很诧异，而是十分平静地对我说："既然你要去做销售，就要好好想想，做好销售需要学习些什么？你肯定不是做个普通的销售，而是要成为第一名的销售，所以你要学习怎样成为顶级销售。在你还没有离职之前，你可以利用业余时间去多看一些书，学一些和销售有关的知识和技能。如果你连销售的基本知识都不懂就进入销售领域，你不但做不好反而还会打击自己的信心。就好比一个人想学游泳，他至少得先学会踩水，知道哪里水深，哪里水浅，才不至于一头扎下去的时候被淹死。"

听了领导的建议，我跑去图书馆花了50元钱办了一张图书卡，开始了白天上班，晚上学习的生活。在图书馆，除了阅读拿破仑·希尔、戴尔·卡耐基、原一平等人的书籍，我还会阅读大量企业家的人物自传。两个多月时间，我的阅读量超过了在学校九年制义务教育的阅读量。看着每天看书学习的我，领导又对我说："当你想做好销售的时候，才有做好销售的可能性，当你只是试一下做销售的时候，你是不可能做好销售的。"

大量的商业人物自传让我逐渐叠加出了成功人士的共性，这个时候，我在自己的脑袋里装入了一个全新的信念："杨韵冉，你可以成为他们，并且你可以超越他们。"

两个月后，我正式向领导提出辞职，领导担心我没有找好工作失去收入，他让我先去找工作，找好之后再来辞职。在我进入这家工厂的第一天时，我就能感受到领导没指望我会在这里做一辈子，但他却从未吝啬对我的培养，并且他栽培我并非为了一己私利，而是真心觉得我是个好苗子，是个可育之才，他希望我能够好好发展，终有一天可以创造属于自己的一番天地。

我一直非常感恩这位领导，他明明知道我只不过是他人生一段时间里面的一个过客，却真心地引领着我变成更好的人。千里马固然很重要，但如果没有伯乐，千里马又怎能快速地成长为可用之才，我深感作为伯乐的重要性，尤其是对于一个职场新人，前辈的教导会给后辈带来无尽的鼓励和信心，我那时就在心里告诉自己："杨韵冉，未来你也要成为这样的人，无私地帮助更多的人。"

在后来创业的过程中，我对待伙伴也都是像当年我的领导对我那样，发自内心地站在伙伴们的角度为他们考虑，而不仅仅只考虑公司的发展，所以才能吸引到一批又一批跟我一条心的伙伴。我在培养他们的时候，总是倾囊相授，因为我希望把所有的东西教给他们以后，让他们能成为更好的自己。我学会了领导栽培我时的叩问和引导，在与对方交流的过程中，让他自己得到答案，从而下定决心，真实践、真行动、真改变，成为更好的自己。当你在经营企业和带团队时，用一颗利他之心成就员工、成就客户，永远站在他们的角度去想如何帮助他们实现梦想，那你的事业一定会获得成功。

我之所以有今天的成就，还有一个很重要的原因，就是给自己打标签。在做包装女工和办公室文员时，看到旁边那些混日子的同事，我给自己的标签是："杨韵冉，你跟他们不一样"；当我遇到那些当下比我做得更好的人，能够改变我命运的人，比如看到我堂姐的改变、领导对我的培养，以及人物自传里那些成功人士时，我给自己的标签是："杨韵冉，你可以跟他们一样。"我们的一生会遇到很多的人，他们有好有坏，无论遇到谁都是你生命中应该遇到的人，他不会平白无故地出现在你的生命中，他一定会教会你什么或告诫你什么。因此，遇到那些比你好的人，你要相信自己一定可以成为他们并超越他们，而遇到那些及时行乐、过一天算一天、价值观不正的人时，你要时时刻刻提醒自己跟他们不一样，这样你的人生才会越来越好。

离开工厂后，我去了深圳，寻找适合自己的销售工作，这也是我人生的重要分水岭。

/04

如何赚到人生中的第一桶金

国外流行着一句谚语："人生最重要的就是第一桶金。"赚到人生当中的第一个 10 万元或第一个 100 万元是一件意义非常重大的事情，因为"第一桶金"是从 0 到 1 的跨越，意味着从无到有的突破，只有拥有了第一桶金，才有可能实现财富的快速增值。

李嘉诚的第一桶金是在塑料工厂赚到的，柳传志的第一桶金是靠在中关村拉平板车卖运动服装、电子表、旱冰鞋、电冰箱赚来的，马化腾的第一桶金是靠炒股赚来的。他们赚到人生的第一桶金后，都在很短的时间内实现了财富倍增，从而累积到了足够的创业资本，为日后的辉煌打下了基础。

在工厂上班时，有位同事告诉我，深圳是工资最高、机会最多的地方，只要努力，遍地都是金子，和所有其他"深漂"一样，我带着满腔的热情和对未来的憧憬，在这座城市开始了自己的"销售之旅"。在面试了无数家公司后，有两个选择摆在我面前，第一份工作每月底薪 1800 元，另一份工作每月底薪只有 1000 元。我相信绝大多数人会选择底薪高的工作，对一个刚接触销售、什么都不懂的新手来说，底薪高一些，生活也会多一些保障，但我经过一番考虑后，最终选择了底薪低的那份工作。

为什么我会做出异于常人的选择呢？在这里我要先分享两种思维：线性思维和

全局思维。在我们的人生中，会面临诸多选择，高中时选文科还是理科？大学时报哪个专业？毕业后去哪里工作？找一个什么样的伴侣结婚？这些问题曾经都让我们每一个人陷入两难的困境里，究其根源，就是因为绝大多数人都是线性思维。什么是线性思维？饿了就要吃饭，累了就要休息，困了就要睡觉，这就是典型的线性思维，也是一种非常简单的思维模式。虽然它能帮助我们解决生活中一些简单的事情，但是当遇到人生重要抉择的时候，这种思维模式就很难起到更好的作用。1800 元和 1000 元两份不同底薪的工作，如果我是线性思维，就会毫不犹豫地选择 1800 元底薪的那份工作。事实上，几乎大部分人都会选择底薪更高的工作。很多时候，我们看问题时都只能看到最浅表的一层，因此，在做出决定的时候，只会选择"当时看起来更好"的选择。而当时我面对这两份工作，首先考虑的不是工资的高低，而是哪份工作有更好的发展空间？哪份工作可以让我成长更快？哪份工作对我实现梦想有帮助？我从公司类型、面试官的问话、未来发展等多方面进行了综合考虑，最终才选择了每个月 1000 元钱底薪的那份工作。

在面试的过程中，我和面试官很投缘，他对我的印象也特别好，并且我从他的眼神中看出了他对我的欣赏。如果加入每月 1800 元底薪的公司，对于没有销售经验的我来说，短期内可能会让我在经济上稍微宽裕一些，而对打算长期扎根销售的我来说却没有多大的帮助。如果选择每月 1000 元底薪的这家公司，对初入销售领域的我来说，前期挑战可能会大一点，但只要我坚持下来了，未来一定会有很多的发展机会。

我们在做任何决定的时候，不要局限于眼前的利益，要从整体出发，把自己的人生当成一个整体，用全局思维去考虑。比如，你的梦想是成为一名企业家，你在找工作的时候就不能只被薪资所限制，更应该考虑的是通过这份工作能掌握哪些企业家的必备能力？当你学会用全局性思维去看待人生中的问题时，就会发现，很多事情并没有想象中那么困难。大多时候，我们之所以会陷入选择困难，就是因为"一叶障目"，被眼前的困难和短期需求遮蔽了双眼。我们必须要学会站在更高的视角看问题，才能看得更远、更宽、更广，才有可能收获一个全新的人生体验。

庄子在《逍遥游》中写道："朝菌不知晦朔，蟪蛄不知春秋。"意思是说，早上出生、傍晚就死亡的菌草不会知道黑夜与黎明，只生活在夏季的寒蝉也不会知道这个世界上还有春天与秋天。人生也是如此，我们绝大多数的烦恼，都是源于思维认知的不足，只有先提升自己的思维认知，才能进一步改变自己的行为，让自己一步步接近梦想。所以，我们一定要从自己已知的世界走出去，只有走出去，才有机会接触到更厉害的人，才知道自己和他们的思维路径、思维格局、行为模式有什么不一样。当我们知道和他们的差距在哪里的时候，才会把脑袋里旧有的认知，替换成新的认知，从而才会拥有一个不一样的人生。

我之所以分享我选择工作时的心路历程，是告诉你："选择大于努力！"学会做正确的选择是每一位成功人士的必备能力。如果你做任何选择，都不问自己为什么会做出这样的决定，那你的人生将不会有太大的改变。只有知道"为什么"的底层逻辑，才能帮助你掌握成功人士的思维模式，才会让你在未来遇到类似的问题时做出正确的选择。当你选择正确时，努力的动力就会翻倍，人生也会顺畅很多。

进入公司后，我才知道销售部门有着非常残酷的淘汰机制：3天不出单就会被警告，7天不出单会被直接淘汰。当看到这条规定时，我瞬间傻眼了，一点销售经验都没有的我，岂不是时刻面临被淘汰的命运，我心里充满了担忧，但同时又在鼓励自己："既然选择进入这家公司做销售，无论如何我都要全力以赴地拼一把，即使最后被淘汰了，我也不遗憾！"但由于是第一次从事销售工作，我完全没有任何的经验，更不懂得销售技巧，第一个星期我没有出单。正当我以为自己的第一份销售工作就要止步于此的时候，领导对我说，他为我向公司出具了一封"书面保证书"，他相信我一定可以做好销售，请公司多给我一些时间。为了不辜负他对我的信任，第二个星期我更加努力地找客户资源、联系客户，遗憾的是我依然没有出单，一直到第 27 天我才出了第一单。在这将近一个月的时间里，我的领导每隔一个星期都为我向公司总部出具一封"书面保证书"，他几乎是凭一己之力把我给保了下来。我想，如果我没有付出百分之百的努力让他在我身上看到希望，他也不可能为没有任何经验的我作保。

每每回忆起这段经历，我都非常感恩这位领导，这是我从事销售的第一份工作，他不仅连续为我作保，为了消除我内心的胆怯，还安排我坐在一个自信心爆棚的同事身边，这位同事有时候和客户说话都不利索，也没有太多的销售技巧，但是他身上却有着一种超乎常人的自信心：他坚信自己的产品是最好的，坚信自己一定能帮到客户！只要他一开口就能感受到他散发出来的那种无与伦比的自信，因此，即便他没有太多的销售技巧却依然可以出单。从他的身上，我收获了最重要的销售信念——百分之百相信自己的产品是最好的，百分之百相信自己一定能帮到客户！信念决定思维，思维决定言语，言语决定行动。一个没有销售信念的人，不可能成为一名优秀的销售员。

当我拥有了销售信念之后，我又去向公司第一名的业务员学习，我就坐在他旁边，听他如何与客户沟通，会讲到哪些案例，怎么和客户成为朋友，等等。就这样，经过一个多月近距离向公司销冠学习，从第二个月开始，我的业绩就从公司倒数第一名一跃成为公司前三名。

当我在公司站稳了脚跟之后，我就跑去问领导，为什么我销售做得那么差，你还愿意把我给保下来？领导看着我，说了让我印象深刻的四个字："'剩'者为王！"

看着我充满疑惑的眼神，他接着解释道："我观察你很久了，我看见你每天来得最早却走得最晚，打两三百个电话，嗓子哑了都还在向客户介绍产品，而且你自己吃最便宜的快餐，却还总是请同事们吃饭，向他们请教，这些都体现出你是一个能吃苦、求上进，不是只注重短期利益，而是看重长期发展的人，有这种精神在，迟早会取得成功！"领导一番鼓励的话让我倍受鼓舞，我在心里暗自发誓，一定不能让相信我的人失望！

从那之后，我每天都更加拼命地工作，从早上七点工作到第二天凌晨两点，有时连中午吃饭的时间都在工作，整整三个月没有休息过一天，就这样，才十九岁的我就长了很多白头发，虽然很累，但我的内心却非常充实。因为通过我的努力，我的月薪终于过万了。当时家里买房欠了很多钱，我拿到工资的第一件事就是把钱打给爸妈还债。在我的认知里，我是家里的一分子，我有责任和爸妈一起让我们这个家越来越好。

回顾自己这些年的经历，为什么我能改变自己的命运？因为我能力强，比别人更聪明吗？当然不是，比我能力强、比我聪明的人比比皆是，我认为是因为我身上拥有两个重要的品质：第一个是我非常孝顺，我的孝顺是深入骨髓的，我把改善父母和奶奶的生活当成了人生使命，因此，每当我遇到挫折想要放弃的时候，我就问我自己：爸妈在家生活那么艰难，奶奶年纪也大了，你不努力，怎么能改变命运？这是支撑我前行的最大动力，全力以赴地工作，即便再难，我也会咬牙坚持，因为我没有退路。韩信有"背水一战"的信念，项羽有"破釜沉舟"的决绝，对我而言，我身上背负着改变整个家庭命运的责任，我必须负重前行，把我能干的事情做好，做出结果，而不是庸碌无为地混日子。

每个人的一生都会遇到各种各样的困难，但不同的是有的人选择坚持，有的人选择了放弃，坚持的人也许不一定能成功，但放弃了的人一定不会成功。如果你对现状不满却完全没有改变的意愿，我建议你先给自己找一个奋斗的动力。我的先生曾说过一句话："你的使命有多大，你的事业就能做多大！"你的使命是为了自己还是为了自己的家族，或是为了改变世界，都会影响你努力奋斗的程度，也会决定你最终的成就。而我之所以能从身边的同事朋友中脱颖而出，是因为在大多数人只是为了自己而工作时，我已经承担起了整个家族的责任，所以我比大多数人拥有更强的动力。当然，我的使命也在不断扩大，随着我和先生周文强的相识相知，我的使命也从为了让自己的家族越来越好，变为帮助更多家族实现财富自由、身心富足。

原生家庭的贫困，并没有让我变得怨天尤人，或是陷在受害者的角色里无法自拔，这段贫穷的经历反而变成了我奋斗的动力，那些在我少时曾以为看不起我的亲戚朋友，他们的冷嘲热讽，也变成了我事事全力以赴的助推器。我庆幸自己有这样的经历：跟着奶奶生活的那10多年，成为奶奶最宠爱的孩子，学会了去地里拔草，去田里摸螺，去鱼塘抓鱼，这些当时觉得辛苦但现在却成为最好的回忆；后妈不仅教会我洗衣做饭，还教育我为人处世之道；跟着父亲，我学会了去集市上卖西瓜……正是这些经历练就了我的生存能力，让我从小就养成了独立的个性。进入社会之后，我发现自己身上比别人多了一股子韧劲，无论去到哪里，只要我愿意，我什么都能做，无论什么事情，我都要做到最好。

很多和我有着相似经历的人，可能会觉得亲生妈妈生下了我却又将我丢下，让我成了没妈的孩子，她伤害了我；爸爸斥责我、凶我就是不喜欢我，他也伤害了我；奶奶在养了我11年后，也同意让我跟着爸爸和后妈去生活，我最爱的奶奶也伤害了我……但当这些事真实地发生在我身上的时候，我却并不是这么想的，我总能感受到他们的不容易，以及在这些事情的背后，他们内心对我的那份沉甸甸的爱。事情本身没有对与错，决定对错的是你对这件事情的看法和认知。婚姻关系也是如此，如果你总觉得自己的另一半有问题，有时候不妨换个角度思考问题，或许会得到意想不到的改变。

除了孝顺之外，我还有一个重要的品质——懂得感恩。那个一岁就失去了妈妈，那颗曾以为自己一直被周遭的人辱骂、被区别对待的心，那个曾经敏感、脆弱的小女孩早就破茧而出，让我更加珍视生命中每一个帮助过我的人。别人对我好一分，我会回报对方十倍的好。我那并不富有的父亲让我懂得了付出，我至今依然记得父亲从来舍不得吃盘子里的一块肉，从来舍不得给自己添置一件新衣裳，他说我的孩子们要长身体，我的孩子们要吃饱穿暖，父亲对我的爱是无言却深沉的，他毫无保留的付出深深地在我的心底扎根，让我明白，人生这条路上总会遇到一些麻烦，这没什么，跌倒了爬起来，好好掂量一下自己的对错，那我们的路就会越走越宽。所以，在我的人生路上，每一个曾经帮助过我的人，我都会涌泉相报，这也吸引了更多的贵人不断地出现在我的生命当中，才成就了今天的我。

付出与感恩也同样适用于婚姻关系，我见过很多夫妻总是在喋喋不休地抱怨对方，却很少有人会反思自己又为对方付出了多少。我经常和学员说：当你真正爱一个人的时候，你并不只是为了从对方身上得到什么，而是你想为对方付出什么。如果你的爱是一种索取的爱，你就会对伴侣有要求和期待，当他没有达到你的期望值时，你们的婚姻一定会出现问题。婚姻如此，人生同样如此，只有懂得付出的人，才能收获更多的幸福。你付出什么就会收获什么，这是这个世界的自然法则，如果你不遵守这项法则，所有你想要的东西只会离你越来越远，记住，感恩永远比得到更快乐，给予永远比索取更喜悦。

当我怀着感恩的心努力拼搏时，我的业绩不断倍增，短短几个月的时间就做到了公司的第一名。不过取得这个第一名的过程很累、很辛苦，几乎是我用"命"换来的，我一直在想是否有更高效的方法让业绩稳定在第一名，就在这个时候，之前带着我学习的销售冠军给我推荐了一本书——戴尔·卡耐基的《人性的弱点》，正是这本书，让我的销售技能得到了质的提升，以前我需要每天工作十几个小时才能勉强维持第一名，而看完这本书后，我每天只需工作两三个小时也能比第二名的业绩多出一倍。

看完这本书之后，我突然间明白了，销售工作的本质其实就是了解人性，销售的过程就是提供各种价值来满足客户需求。不管你卖什么产品，掌握了这条规律都能够得心应手。从那时开始，我不再执着于销售技巧与方法，因为只要我能搞清楚客户在想什么，他真实的需求是什么，我就能想办法与客户达成共识，从而产生共赢。这本书教会我的不仅仅是识别客户的能力，还有识别公司、合伙人、人才，甚至还包括识别伴侣的能力，毫不夸张地说，是这本书让我的观念发生了彻底的转变，至今再读仍觉受益匪浅。

当我了解了销售在于人性的了解与把握这个秘诀之后，没过多久，我就成了整个公司持续的销售冠军，并在入职公司后的第六个月赚到了人生当中的第一个10万元，这也是我人生中的第一桶金。但相比起金钱的收益，更加宝贵的收获应该是在短短半年之内，我从一个"菜鸟"成长为经验丰富的销售高手，更重要的是，在这里让我得以邂逅我终生的灵魂伴侣——我的先生周文强。

第三篇

| CHOOSE |

选择大于努力

/01

选对伴侣幸福一生

电视剧《三十而已》中有一句话：好的爱人，温暖的家，能够带给你足够的勇气和力量。很多人家庭不幸福、事业不顺利、儿女不孝顺，有很大一部分原因可能就来自选错了人生伴侣，而有的人之所以能做出杰出的成就，也可能是因为有优质伴侣的支持。

著名导演李安在成名之前曾有过长达 6 年的失业经历，他每天待在家里做饭、看书，衣食住行全靠老婆林惠嘉支持。在那段最绝望的时光里，他考虑过放弃梦想向生活妥协。在一天夜里，他对林惠嘉说："我想出去找份工作。"看到李安沮丧的样子，林惠嘉突然明白了他的真实心意，她又怎么忍心让李安放弃毕生的追求，去找一份工作而碌碌一生，所以她坚决反对李安另谋生路，还鼓励他一定要坚持梦想。后来，李安名满天下，在导演事业上获得了巨大的成功。他在自己的个人传记中说：中国人造词很有意思，比如"恩爱"，恩与爱是分不开的。由此可见，他对老婆林惠嘉的感激之情。

同李安和林惠嘉的爱情一样，我和周文强先生的相知相恋也是一段充满了爱与感恩的故事。从我二十岁那年与十九岁的他相遇，我们一起学习、共同成长、相互成就，在一起努力告别平凡、积极上进的过程中，我们彼此见证、彼此陪伴，也遇见了更美好的彼此。而这一切的开始，都要从那天下午说起……

那是一个寻常的下午，当时的我已经成了公司的销售冠军，而我先生还只是一个一无所有的穷小子。当时，他去办公室面试时，我刚好从门外经过，面试官指着我对他说："你看，那个小丫头工厂出来的，初中毕业，现在一个月能赚两三万元钱，是我们公司的销售冠军。"听到这句话，他好奇地转过头看了我一眼。就是这么短暂的一眼，让他下定决心一定要加入公司。原因很简单：第一，他觉得我很漂亮，又会赚钱，想和我认识；第二，他想挑战一下高薪工作，超越自我。

那时的周先生已经学习过了《富爸爸穷爸爸》，财商思维此时已扎根于他的内心，在他的心里，只要是罗伯特·清崎有过的人生经历，他都想走一遍。罗伯特先生做过销售，他就去做销售；罗伯特先生开过公司，他后来也跟着开公司；罗伯特先生找了一个会赚钱的老婆，他也想找一个拥有"富人思维"的老婆，这是当初周先生看中我的重要原因之一。

在这里我也想分享一个对我人生影响至关重要的智慧：选择大于努力。比起选错伴侣，下半生再花大量的时间、精力去努力经营，一开始就选对人，显然更容易收获幸福。虽然在后面的章节里，我会教给你很多解决婚姻矛盾的方法和技巧，但如果一开始你就选对了另一半，你的婚姻经营一定会变得更加顺利，甚至不需要经营。当我开始写这一章时，我先生坚持认为选择才是最重要的，他曾在自己的演讲中说过这么一句话："女人选错男人，这辈子就毁了；男人选错女人，祖宗三代都毁了。"

周先生之所以强调选择的重要性有两个原因，一个是因为他选对了我，他经常对我说："老婆，有你真好，我的成功就是因为娶对了你。"而我也选对了他，我们相互扶持，一起经历风风雨雨，最终实现了家庭上的幸福和事业上的成功。也因为我们选择了对的彼此，即使我们曾经走到了离婚的边缘，最终也在夫妻同修下让婚姻恢复如初。另一个原因是他的很多学员因为选错了伴侣，婚后陷入无休止的争吵、冷战，家庭不幸福、事业不顺心，两个人都过得极其痛苦。在选择伴侣这件事上，如果你做了错误的选择，你会损失很多，而这种损失并不仅仅是金钱上的。

周先生的一个女性学员给我留下了非常深刻的印象，她曾经给周先生发消息，说自己过得很不开心，结婚 5 年，老公不让她出去工作，不让她出去学习，就连和闺密出去玩都不同意，稍不如意就大打出手，她想离婚却连离婚两个字都不敢提。即便她每天都过得非常痛苦，也只能委屈维持这个婚姻，这样的人生暗淡无光，她曾无数次想自杀，几乎每天都活在痛苦与恐惧之中……

还有一位男性企业家，努力多年终于事业有成。有一天，他哭着和周先生说自己当下的痛苦，他的老婆多年以来一直在家带孩子，不愿学习提升自己，不仅如此，还不让他外出学习，甚至他出去见客户老婆都要大闹一场，现在情况越来越糟糕，已经发展到他做什么都不对，成天在家里抱怨的地步了。

我和周先生从事培训业十几年，见过太多这样的案例，但凡有那么一丝通过沟通就能解决的可能性，他们的生活也不至于过得如此痛苦。

很多人问我："杨老师，应该如何经营婚姻？"其实，经营婚姻的前提是选对人。只有选对人，婚姻中遇到的问题才有可能得到正面解决。这就像一开始你选择了一棵小草的种子，却期待后面经过培育让它成长为参天大树，这显然是不现实的事情。但很多人喜欢感情用事，爱上一个人后往往不计后果，常忽略了对方到底是不是对的人，最后导致婚后的生活过得并不如意。有人可能又会问："杨老师，如果我已经选错伴侣了，应该怎么办呢？"如果伴侣人品有问题，已经没有任何改变的可能，那就及时止损；如果他还愿意和你一起共同学习、成长，那么，还有改变的机会。人生永远有最重要的翻盘机会：选择权！

婚姻就是这样，你选择和什么样的人结婚，就选择了什么样的人生。俗话说"男怕入错行，女怕嫁错郎"，就是这个道理。

为什么很多人说成功男人背后一定会有一个伟大的女人？因为一个男人选择老婆的眼光，实际上就是他能力和眼光的综合体现。

遇到周先生那一年，他十九岁，我二十岁。周先生加入公司之后，公司领导看出他是一个可造之才，就安排他坐在我的旁边，领导对他说："这个女孩是我们整个公司的销售冠军，你就坐在她旁边好好学。"可是我每天几乎临近中午的时候才去公司上班，来了就开始打电话，并且我很多时候打电话并不是谈工作，而是打给奶奶和父母关心他们。我每天只打两个小时的电话跟单，而且也没有使用太多的方法技巧，基本都是和客户正常沟通一下，客户就打款了，所以一开始周先生并没有从我这里学到太多的东西。后来，他告诉我，他当时觉得这个女孩子实在是太懒了，他每天打12个小时以上的电话，而我每天只打两个小时，一点都不努力。但实际上，我刚进入公司的时候也是不分白天黑夜地给客户打电话，后来学习了《人性的弱点》之后，我才明白成功根本不是只靠勤奋。当时，了解了客户需求的我，做起销售来已经是得心应手，可周先生并不知道这一点。

直到有一天，他遇到了一个非常难缠的客户，他找了很多人都没有成交。他最终找到我，原本他以为我也很难和客户达成共识，没想到我只是和客户简单地沟通了两个电话，客户就主动打款了，这让周先生彻底震惊了，他用不可思议的眼神看着我说："你是有什么秘诀吗？能不能告诉我？"看到他那迫不及待的样子，我问道："你看过戴尔·卡耐基的《人性的弱点》吗？"他说："这本书我早就听说过了，我似乎在图书馆看过，但也只是随意翻了几页，没有细看。"于是，我便推荐他去认真读这本书，并告诉他正是这本书让以前每天需要辛苦工作十几个小时的我，如今只需要工作两三个小时也能轻松获得公司的第一名。当周先生再次用心看完这本书后，彻底刷新了他对销售的认知，也让他明白，原来销售不是说多少话，而是如何让客户信赖你。从那以后，他对我有了不一样的情愫。

就这样过了三个多月，周先生经过努力也成了公司业绩榜的前三名，当时恰好遇到了行业淡季，我决定请假回老家一段时间。在家里休息时，有一天我收到了周先生的一条问候短信："小杨啊，你回老家那么久了，什么时候回来啊？我们都很想你。"其实，那时我就看出了他的小心思，明明是他自己想我，却说成同事们都很想我，但我看破不说破，顺着他的话回复了一条消息："过段时间我就回去了，我也很想大家。"本来只是普普通通的一个对话，没想到却让周先生误以为我看不上他，据他后来的回忆，当看到我回复说"我也很想大家"而不是"我也很想你"之后，心都凉了半截，觉得自己没戏了。但实际上，男女之间在表达自己情感的时候是有很大差异的。在我看来，如果我对一个男生没有任何感觉，看到类似的短信我是不理会的，既然我已经回复，那就代表了一种态度，潜台词是"我并不讨厌你"，可在男性的思维里，如果没有从女性那里得到明确的回应，那就是彻底没戏。这种认知差异在生活中随处可见，如何正确认知男女的差异？本书第四章会重点谈到。

看到我的回复之后，周先生很失落。后来又发生的一件事，加剧了他难过的心情。在回深圳之前，我去见了当初在餐厅追求我的那个男生。其实我就是单纯地想确认一下，时隔4年，我对他还有没有感觉？事实证明，时间会改变很多东西，随着我人生阅历的增加，认知的提升，我发现自己对他已经没有任何感觉了，而见一面也仅仅只是给自己按下一个彻底告别的确定按钮。如果之前是理性的判断没有选择和他在一起，那么这次的见面就是情感上也没有了任何羁绊。

但是周先生听说我去见过之前喜欢我的男生，他再也按捺不住，在犹豫了很久之后，他终于选择了一种特别的告白方式。

/02
如何知道谁是你的意中人

据统计，在我们的一生中会遇见超过 800 万人，会打招呼的是将近 4 万人，会和其中近 4000 人熟悉，会和其中近 300 人亲近，但最终大多数人都会消失在人海，能陪我们走到人生尽头的唯有自己的伴侣。可见，婚姻对绝大多数人而言，就是人生中最重要的事，但遗憾的是，很多人并不知道如何选择伴侣。

有的人结婚不到一个月就离婚，有的夫妻相互折磨大半辈子……他们对婚姻原本也是充满期望，但经历婚姻后又变得心灰意冷，最后兜兜转转很多年，却还是没有想清楚——什么样的伴侣才适合自己？

当初周先生在追我的时候，我是如何判断他是否适合我的呢？周先生听说我回老家见了年少时有好感的男生，内心十分焦急，在我刚回到公司的第二天下午，他就跑到我的旁边和我聊天，他问我："小杨，你将来的梦想是什么？"听到他的问题后，我不假思索地说："我将来想创业，和自己喜欢的人一起做一份事业，哪怕是开一家小店也好。"

我的这个梦想源于我的表姐和表姐夫，在我还没来广东打工之前，他们就结婚了，他们本都是普通的工人，表姐夫不甘平凡，很早就离开工厂开始创业，表姐也勤奋好学，他俩把日子过得越来越好。我见证了他俩奋斗的全过程，所以当时我就在心里暗暗地想，将来一定要找一个可以一起创业的老公。

听到我的梦想之后，周先生的内心似乎笃定了什么，表情也变得认真起来，他看着我说："小杨，有一本书我觉得特别适合你。"看着他真诚的眼神，我也产生了好奇，就询问书籍的名字，他非常得意地告诉我那本书是罗伯特·清崎的《富爸爸穷爸爸》，我脑海里至今仍能清晰地浮现出他提到这本书时的样子，就仿佛一个孩子向伙伴炫耀自己珍藏已久的玩具，那一分骄傲之情溢于言表。

多年以后，我回忆起那天发生的事，突然醒悟，原来在我考验他的同时，周先生也在通过我对书籍的认可来判断我是否合适。他想通过《富爸爸穷爸爸》这本书了解我的思维以及我对财商的看法，以此来确认我是不是能陪他走一辈子的那个人，他无数次地表达过，他想要找一个和他的老师罗伯特·清崎的太太一样的另一半，如果我只是一个安于现状的女孩子，或许他也不会那么笃定地选择我。

当时的我也很想知道这个业绩不如我的小子，给我推荐的这本书到底讲的什么内容，在一个休息日的上午，我来到图书馆，从上万本书中找出了那本《富爸爸穷爸爸》。我坐在座位上翻开书静静地看，不一会儿就沉迷到书里去了。这一看就是一整天，以至于夜幕降临我也没能发觉，直到肚子咕咕作响，饥饿感席卷而来，我才意识到原来一整天的时间已经过去。我收起书，内心还久久无法平静，一直到我走出图书馆，我还沉浸在那些财富理念带给我的震撼中。

第二天，周先生迫不及待地询问我看完书籍的感受，于是，我们聊了很久。从看待财富的态度聊到了自己的人生理想，从对家庭的责任到对伴侣的选择，我们发现彼此的很多观点都十分契合，聊得根本停不下来。经过这次深谈，我们在思维层面做了一个基本确认，我们就是彼此要找的那个人！

很多朋友一直在问我："杨老师，什么样的人适合我啊？"其实这样的问题根本没有一个准确的答案。每一个人都是世界上独一无二的个体，我们的成长环境、教育经历、性格特征、未来规划等都不一样，这就决定了我们的感情需求也完全不一样。你想知道什么样的人适合自己，首先就得对自己有一个清醒的认知。你是谁？你现在在哪里？你未来想去到哪里？想清楚这些问题之后，再去寻找和你方向一致的人作为人生伴侣。

自从我和周先生有了深度的沟通之后，我们之间的联系比以往更紧密了。有一天晚上，周先生约我出去吃饭，在吃饭的过程中他给我聊了很多他儿时的趣事和辍学打工后的经历，以及他看了《富爸爸穷爸爸》后心中升起的梦想。他还给我讲了一个故事，他说："古时候，有一个年轻男子很喜欢一个女孩，就想跟这个女孩表白，于是，在一个月色皎洁、圆月当空的夜晚，他约这个女孩一起到屋顶赏月，他指着天上的月亮对女孩子说'今晚的月亮好圆好圆啊！'，这句话他反复说了很多遍，就是没把那句'我喜欢你'说出口。"我问他，这个男的到底是想表达什么？他说："其实这个男的是想说'我相中你了，你能不能嫁给我'。"

那天晚上，我坐车回到家的时候，突然收到周先生发来的一条短信，上面写着："今晚的月亮好圆好圆啊！"我立即明白了他的心意，可矜持的我还是发了一条短信问他："你想说什么？"他立即回复道："我喜欢你，你愿意做我的女朋友吗？"隔着手机屏幕，我都能想象出他焦急期盼我回复的样子，隔了一会儿，我回复他：OK！

第二天，我和他一起参加了一个会议，会议结束后我们就确定了恋爱关系。他带着我去图书馆看书，我们就和大多数热恋中的小情侣一样依偎在一起，他拉着我的手对我说未来会带着我全世界旅游，带着我一起创业，要把我介绍给他所有的家人。在他的每一项人生规划里都有我，只要他好，我也会有更好的未来。

有很多学员问我："杨老师，为什么我的另一半总说自己没有安全感？我的工资全部上交，不和同事外出应酬，我甚至给了她花不完的钱，为什么她还是觉得没有安全感？"其实根本原因就是，随着你们成长的不同步，你的人生规划里已经没有了她的影子。在这种情况下，你赚钱越多，她就越是不放心，因为你的生活、你的事业已经开始离她越来越远。

男人追求女人，一定要让对方感觉到你的人生规划里有她。你愿意她和你在一起，愿意两个人共同变得更好，这时女人为男人做什么都会心甘情愿。如果你给女人的感觉是你的成功永远只属于你自己，女人就无法从你的成功中获得安全感，最后的结果就是你们的关系渐行渐远，直到有一天分歧彻底压过了共识，婚姻也就到了终点。

周先生是一个非常擅长描绘未来蓝图的人，在我们刚确定关系的时候，他就为我描绘出了一幅十分美好的未来场景。未来我们会生几个可爱、聪明的孩子，会做一番伟大的事业，会带领整个家族改变命运。当我们实现财富自由后，他就带着我环游世界，看遍世间美景。在他的每一步规划里都有我与他共同的未来。其实，当初追求我的男孩子有很多，但是没有一个比周先生的梦想更伟大，没有一个比周先生更自信，这是他吸引我的重要原因。

男人一定要给女人一个永远不变的梦想，也是永远不灭的梦想，也是每时每刻都要去坚守的梦想，不管能否兑现都要去做，你的梦想里面有她，你的梦想里有你变得更好以后她也会变得更好的未来。最可怕的是你找的那个伴侣压根没有梦想，那就更谈不上与你的未来了。所以，不管是男人还是女人都要有自己的梦想，有自己奋斗的目标。

有一次，我们在图书馆里看完书出来，路过了一家石头记的专卖店，看着那些精美的小饰品，我停下脚步多看了几眼。他观察到我的细微表情，立马跑到店里买了两串项链，给我的项链上挂着一个小月亮，他的那一串上挂着小星星，他说我们就像星星和月亮，永远陪伴在一起。拿着我们的定情信物，听着他说的甜言蜜语，我的心里感到既甜蜜又浪漫。女人都是感性的动物，天生就对浪漫毫无抵抗之力。从那天起，我更加认可了和他的关系。看到这里，男士们可要好好学起来，给伴侣花点小心思买点小礼物也会让另一半感动不已哦！

现在很多人问我："杨老师，当初你不仅人长得漂亮，而且还很会赚钱，为什么会选择一无所有的周文强老师呢？"当我在回忆过去经历的时候，我找到了以下几个原因：第一，他和我有一致的三观和共同的梦想，让我知道未来我们可以一起为同一个目标而奋斗；第二，他非常孝顺，而我也是一个非常孝顺的人，我从小跟随奶奶长大，深深明白长辈们养育自己长大的不易，因此，孝顺是扎根于我灵魂里的东西；第三，他的梦想宏大，又极爱学习，是我见过最有上进心的人，这让我感觉跟着他人生是有希望的；第四，我认识他后，他人生的每一个阶段都有把我规划进去，让我感受到强烈的安全感；第五，他性格温和，情绪稳定，对我很有耐心，从来不把负面情绪带到我身边；第六，他真诚、细心，懂得浪漫，让我时刻感觉被爱包围；第七，他言行一致，不盲目定目标，可一旦设下目标就会立马付诸行动……

当然，我和周先生确定了恋爱关系却并不代表我非他不嫁，在和他确定了恋爱关系之后大概四五年的时间里，经过反复地磨合和确认之后，我们才认定对方是彼此一辈子相守的人，最终才走进婚姻的殿堂。

/03

仅有喜欢是不够的

电视剧《将夜》中有一个片段，莫山山对宁缺说："我们从荒原到长安一路相伴，你曾说过对我很是喜欢，但仅有喜欢是不够的。"

在我们情窦初开的年纪，荷尔蒙上升带来的那种激情让无数人为之沉醉。我们朝思暮想夜不能寐，一心投入那场轰轰烈烈的爱恋，可这种如火焰般炽烈的情感，却往往来得很快，消退得也很快。当有一天激情褪去，回归冷静后，就只留下一个人站在原地独自叹息。

和大多数人一样，我也有过情窦初开的初恋，我们也有过相互喜欢，也曾幻想过彼此的未来，可这段感情最后却因为我的"择偶准则"还未正式开始就已经宣告结束。当我遇到周先生的时候，我非常认真地对待和他的感情，我想要的是找一个对的人一生相伴，相互扶持，而不只是一场美丽的邂逅，或是某一个人一厢情愿感动式的付出。所以，当时的我就拥有在今天看来不可思议的勇敢和判断。

就在我和周先生确定恋爱关系一个星期后，因为公司不允许内部谈恋爱，我带着忐忑的心情去见了公司的管理层，我主动向领导坦白了我们之间的恋情，希望公司能酌情处理。我站在领导面前，焦急得双手都无处安放，我既渴望和周先生待在一起，又十分珍惜现在这份能让我升职加薪的工作，那种挣扎和矛盾的心情让我至今仍难以忘怀。

但很遗憾，世间没有那么多十全十美，人生总是会有各种不如意的事情。听我说完情况之后，尽管领导很认可我们之间的感情，但却不能违反公司的规定，最终公司做出决定，我和周先生之间必须有一个人离职。选择爱情还是选择事业？这成为当时才二十岁的我必须抉择的问题。我迷迷糊糊地走出领导办公室，跌跌撞撞地回到自己的座位上，看着窗外沉思了许久。

对于一个出生农村，从小在贫穷的环境下成长，进入社会后饱经磨难，凭借自己多年的努力才获得了一份高薪工作的女孩来说，要放弃现在拥有的一切去追逐爱情，其实并不容易，尤其是这个恋人和自己相识才仅仅三个月，而确定恋爱关系也就一个礼拜的时间。可当时的我却有着非凡的勇气，听说公司最终决定劝退周先生，我毅然决然选择了辞职。在我的认知里，工作可以再找，因为我相信我通过工作练就出来的能力，而对的伴侣也许一生只能遇到一次。这一次，我毅然决然地选择了爱情。

虽然我果断地做出了决定，但这种在爱情和事业之间被迫做决定的痛苦深深地刻在了我的心里，以至于后期我和周先生一起创业的时候，我们大力支持和鼓励内部伙伴之间谈恋爱，除了是想创建一个像家一样温暖和谐的公司之外，最大的考虑就是不想让伙伴们经历我和周先生过去的困境。

为了爱情我选择和周先生一起离职，虽说是一切为了爱情，可生活还得继续。周先生提出让我陪他回河南老家一趟，这个邀请让我有点措手不及，毕竟我们从相识到相恋也才三个多月，这么快就让我去见家长，我完全没有心理准备。当时很多朋友纷纷劝我谨慎考虑，她们的理由五花八门，总结起来大概如下："认识时间太短""女孩子应该矜持一点，你现在太过于主动，将来他一定不会珍惜你……"这些反对的声音时刻环绕在我耳边，但对我来说，对爱情的向往已经压倒了一切，我认为爱一个人就应该了解和接纳他的一切，既然见家长这一天迟早都要到来，早一点又何妨？所以我给了周先生肯定的回应。

说走就走，我们买了两张绿皮火车票，拎着行李就开始了旅程。从广东到河南长达 24 小时的车程，没有座位，我们手拉手站在人潮拥挤的车厢过道里，车外寒风呼啸，车内环境嘈杂，我们从车头被赶到车尾，受尽白眼，有时被赶到厕所旁边，异味难闻、臭气熏鼻，可即便是如此恶劣的出行环境，我们却依然对未来充满了憧憬，我紧紧地和周先生挨在一起，在深夜里，他的肩膀和胸膛成了我温暖的靠垫。

条件虽然艰苦，但行程却充满乐趣。在旅程中发生了一件让我印象深刻的小事，当时我和周先生靠着车厢彼此依偎着，因为空间狭小，人又太多，列车员从旁边经过怎么都挤不过去，也许是忙碌的工作让他内心有些焦急，他大发雷霆，对我们大吼大叫，引来周围的人纷纷侧目，见此场景，我和周先生给出了不同的反应。

我拉着周先生的胳膊，心平气和地对列车员说："开心是一天，不开心也是一天，你完全可以开开心心地过好你人生的每一天，为什么要用这么愤怒的态度对待他人呢？"听完我这句话，列车员愣在了原地，他仔细打量我一番，又看了看我身边的周先生，正当他欲言又止的时候，周先生微笑着拍了拍他的肩膀让他不要着急。看到我们如此温和地回应，气氛瞬间就发生了改变，之前紧张、尴尬的气氛一扫而空，取而代之的是轻松融洽。和周先生聊得投机的列车员还请周先生抽了一根烟。后来，周先生和我说，列车员告诉他："这个女孩子一看就是能过日子的，心甘情愿跟着你一起挤绿皮火车，谈吐很不一般，你一定要好好对她啊！"

多年以后，每当我回想起这段经历时，都深感那次行程虽然艰难但却意义非凡，为了爱情，甘愿放弃刚刚起步的优渥工作去奔赴一个充满未知的未来，让周先生非常感动，他看到我愿意和他同甘共苦的决心，这也让他下定决心好好珍惜这段感情。而对我而言，在这次行程中，我意外地发现了周先生是一个真正活在当下的人，不管在何种环境下他都能很快适应。在火车上那么嘈杂的环境里，他累了就坐在地上休息，困了就躺在别人的座位底下，神情自若，根本不在乎别人看他的眼光，坦然接受生命中发生的一切，他享受着每时每刻。

自南向北，漫长的绿皮火车带着两颗年轻、真挚的心晃荡荡地开往未来，一路上，周先生在我耳边轻轻地讲故事，讲他以前去过的地方、见过的人以及发生过的有趣的事情，规划着我们的人生和未来，那一刻如此美好！

有很多人问我："杨老师，如何才能用很短的时间知道另一半是否适合自己啊？"以我的人生经历来看，带着你的另一半进行一次长途旅行，可能是最高效、快捷的方法了。在旅途中，你会看到他面对衣食住行的处理方式，也会看到他面对形形色色的陌生人的为人处世。通过一次旅行，你将会更加快速地了解你爱的这个人。

当火车驶入了河南地界后，周先生难掩兴奋和期待，而我的内心却要复杂得多。一个二十岁的小姑娘，马上要见到未来的公公婆婆了，不管我的心理素质多么强大，还是不由得紧张起来，我的心里好像有一面巨鼓在咚咚地敲。

在一座低矮破旧的砖瓦房前，周先生在门外大声喊："爸妈，我带着你们的儿媳妇回来了。"周爸、周妈看见我们站在门口，立刻放下手中的活高兴地出来迎接，而我也立马迎了上去，心中想着演练多次的台词。可当周妈亲切地握住我的手时，我竟紧张得顿时语塞，最后说了啥自己也不记得了，只记得自己羞答答地喊了声伯父、伯母。周妈笑得嘴都合不拢，一边说着条件不太好，你不要介意，一边拉着我往屋里引。周先生见状，站在旁边开心得像个孩子。这一幕幕我都看在眼里，当时我就默默下定决心，一定要对这个男人好，一定要对他的爸爸妈妈就像对我自己的父母一样好。

就这样，我在周家人的拥簇下，走进了周家大门，如今已过去 10 多年，但每当我想起第一次进到他们家时的场景，那一幕仿佛就发生在昨天。

一切安排妥当之后，当天夜里，周先生突然偷偷地把我拉进房间里，他表情非常严肃地对我说："有一件事我必须和你坦白。"我的心一下子提到了嗓子眼，不会是什么我无法接受的事情吧！正当我胡乱猜想的时候，周先生开口说："我爸爸以前开砖厂倒闭，欠了别人很多钱，当时没钱还债在监狱待过一段时间，你介意吗？"我听完长长地松了一口气，心想：这是你父亲的经历，和你有什么关系？而且，做生意失败了很正常啊！没什么不好意思的。当他向我坦白之后，我不仅没有心生芥蒂，反而被他的真诚所感动。这种事情他完全可以不告诉我，或等我们结婚后再告诉我，但他还是选择毫无隐瞒地向我公开他的家庭情况。我在心里笑他是个可爱的"傻"小子，并默默计划第二天给他一个惊喜。

第二天早上起床，周妈招呼我们去吃早餐，当时一家人都坐在屋子里，听到呼唤声后，我立马回了句："马上来，爸妈！"大家都愣在原地，就连周先生都感到诧异，毕竟像这种第一次上门就改口的情况确实比较少见，周爸、周妈刚开始没反应过来，确定自己没听错后，嘴角都快咧到了耳朵根。就这样，一家人在欢声笑语中吃起了早餐，我心里清楚我之所以这样做，完全是对他的坦诚做出的最质朴的回馈。

吃完饭后，我在屋子里四处逛了个遍，看到家里缺啥我就在心里默默地记了下来，等到了街上的时候，我就把家里缺的电器采购了一些回来，还给未来的公婆、侄子、侄女买了新衣服。很多女性朋友可能会觉得我很傻，她们认为女方第一次上门肯定要男方的爸妈给见面礼，怎么还自己倒贴？这里就涉及了关于家庭经营和家族兴盛的重要理念。

看到未来儿媳如此大方懂事，人长得漂亮还会赚钱，周爸、周妈心里乐开了花。

在周先生家里生活了几天，我发现河南人的饮食习惯和湖南人完全不一样，早上喝粥，晚上还是喝粥，吃菜就是一大盆青菜拌在一起，很少看到有肉。刚开始我不好意思开口，只能将就着吃几口，可连续吃了很多顿之后，我实在是有点吃不消，就私下里和周先生说了我的真实感受。听闻消息后，周先生的爸妈就特意为我改善了伙食，他们跑去镇上买了肉食，还按我的饮食习惯将好几份菜分在不同的盘子里，让我吃得更舒心一点。

我之所以提这件事，并不是想表达我的挑剔，而是想告诉那些总是抱怨婆媳关系不好处理的人，其实，所谓的婆媳关系，归根到底还是你和老公的关系。如果你的老公十分重视你，他的爸妈自然也会迁就你，这种迁就不是因为你霸道，而是源自爱，毕竟谁都会心疼自己的儿子。倘若你能做到和我一样，为家庭积极付出，将自己最好的一面展现在公公婆婆面前，婆媳关系再坏又能坏到哪里去呢？

很多人婆媳关系之所以不好，是因为一开始就觉得自己只是儿媳妇，一开始就觉得公公婆婆不是亲生父母。如果你能像我一样，用对亲生父母的胸怀对待公公婆婆，用他们喜欢的方式，亲密地称呼他们爸爸妈妈，发自内心地把自己当作他们的亲生子女而不是儿媳妇的时候，你的婆婆自然也会像对亲生女儿一样对你。

除此之外，化解婆媳矛盾最好的办法就是，老公要站在老婆这边。记得刚进到周先生的家里，周先生就对我婆婆说："妈妈，韵冉一岁多的时候，亲生母亲就去世了，从今天起你就把她当作自己的亲生女儿，从此以后你就多了一个女儿，你一定要好好疼爱她。"听到他说出这句话时，我无比感动。尽管婚后我和婆婆也有过一些小摩擦，但即使是我的错，周先生也不会当着他母亲的面指责批评我，而是不断地在我婆婆面前说我的好，重要的是我是真的好。

在婆媳发生问题的时候，男人们不要觉得自己老婆不好，也不要觉得自己妈有问题，要问一下自己，会不会当老婆的好老公，会不会当妈妈的好儿子，关键在于你会不会在两个最重要的女人之间当好"润滑剂"。

如果说在去河南之前，我和周先生还只是停留在相互喜欢的层面，那么，经过了绿皮火车之旅和老家的朝夕相处之后，我更全面地了解了我爱的这个人，他的真诚、他父母的包容和朴实，让我更加坚定了和他一起创造美好未来的决心，有了这个前提，才有了我们后来的北上北京、南归深圳。

第四篇

| LOVE |

爱情的甜蜜与苦涩

/01

北京的难忘记忆

在河南老家待了一个星期之后，我们依依不舍地和亲人告别。周先生说：好男儿志在四方，即便家中再温暖，我们也不要停下前行的脚步。在一个下午，带着满腔的热血和对梦想的憧憬，我们一起来到了祖国的首都北京。

下车之后，一股古老的气息扑面而来，与年轻的深圳不同，北京这座城市仿佛每一个角落都充满了历史的故事。我清晰地记得，当时正值国庆期间，来天安门看升旗的人特别多，人潮涌动、十分热闹。和大多数北漂一样，为了省钱，我和周先生在北京香山附近租了一间最便宜的农民房：斑驳陈旧的墙壁、臭气熏天的公厕、人员复杂的租客……正处于热恋期的我，又哪里会在意这些。

那时，我的心里只有周先生，白天工作，晚上一回到温暖的小家就高高兴兴地做饭，看着周先生美滋滋地吃饭就是我每天最大的幸福。在北京的那段时间，我照顾着周先生的生活起居，无怨无悔地陪着他一起吃苦。我们一起站在寒风里瑟瑟发抖，只为等一小时一趟的公交车。我们吃最便宜的盒饭，买最便宜的生活用品，甚至节约到连30元的吹风机都舍不得买。我至今依然记得，那年北京的冬天，零下20多摄氏度，因为没有吹风机，我洗完头就直接出门，才几分钟的时间，我的头发上就结了一层冰花。有人可能会疑惑，我在去北京之前不是已经赚到了人生中的第一个 10 万元，为什么到了北京就变得如此拮据了呢？

在这里，我也想分享一个男女相处的核心，那就是一定要学会照顾男人的自尊心。自尊心是男人生命的源泉，也是他们最在意的东西。如果你不懂维护男人的自尊，你的感情很有可能就会遇到危机。

虽然当时我手上有一笔存款，而且我也找到了一份通过我的努力月薪上万的销售工作，但当时的周先生事业并不顺利，最糟糕的时候甚至连底薪都快要保不住了。在这样的情况下，我非常在意他的内心感受，小心翼翼地呵护着他的自尊心。每次和他出去吃饭，我大多时候点的都是最便宜的菜并悄悄把单买了。每个月我都会提前把房租交了，一个人承担各种生活开支，我也经常会往他的钱包里偷偷塞钱。交往两年之后，周先生的妈妈与我们住到了一起，而我每个月几乎都会拿钱给未来的婆婆，但我从来没有主动告诉过他这些事，我从不让他操心工作和学习之外的其他事情。我相信他的低谷只是暂时的，我陪着他一起成长，一起进步，未来一定可以创造更美好的生活。因此我节俭的主要原因是不让周先生有太大的落差感。

但有很多女人在这一点上做得并不是很好，伤害了男人的自尊却不自知。有一个学员私下和我说："杨老师，我之前交往过一个男朋友，真是没良心，我和他一起出去见他的朋友，吃饭我抢着付钱，买东西我也抢着结账，最后他还是把我甩了，我对他这么好，他怎么可以这样！"在这位学员看来，她全心全意地对男友好，但是男友并不感激，她认为自己遇到了"渣男"，可是她却不知道，在她男友的视角里，外出吃饭、购物时女朋友抢着付钱，而且还是当着自己朋友的面，这无异于是在告诉所有人，他的收入没有女朋友的高，这会让他感到很没有面子。当他无法忍受这种长期没有自尊的生活时，他就会选择结束这段感情。

男人的自尊心有时甚至比生命还重要，当我们在与男性相处时，一定要少用命令式的语气，即便你的观点是对的，我们也尽可能地选择商量的沟通模式，这样才会收获共赢的结果。一个不懂得维护男人自尊、不懂得给男人面子的女人，才是男人最讨厌的女人。如果你懂得在别人面前，时时刻刻做到维护老公的尊严，懂得发生问题的时候关起门来解决，从不在外人面前贬低自己的老公，也不会把自己对老公的付出时时挂在嘴边，当你能做到这样的时候，你的老公一定会变得越来越好，也会越来越宠爱你。

当然，除了照顾周先生的自尊心，我也有另一层考虑。自从看过了《富爸爸穷爸爸》一书之后，财商的种子就深深地扎根在了我的心中。对于一心想要创业的我来说，需要积累更多的资金，我在生活中一直严格践行着"延迟享受"的原则。我见过了太多有想法的人，他们的思想天马行空，与他们交谈会让你忍不住感叹世间竟有如此高才，但是，他们不见得就能成功，因为能按照自己的想法去行动的人少之又少，而能克制自己的欲望，让自己延迟享受的人更是万里挑一。很多人之所以无法创业成功，就是因为他们在自己赚钱能力的高峰期大肆挥霍，延迟了自己赚到第一桶金的时间。而人生中的第一个10万元和第一个100万元，是你从无到有的突破，你能越早获得，就越能帮助你抢占更多成功的先机，这就是延迟享受的价值所在。

村上春树在《我的职业是小说家》中写道：当自律变成一种本能的习惯时，你就会享受到它的快乐。如果你的梦想是成就一番事业，那么你一定要把眼光放长远一点，学会牺牲部分的短期价值，延迟满足感，这样你生活中的很多困扰都会迎刃而解。

我和周先生在一起的时候，我特别懂得延迟享用，这不是因为我没钱，不能享受人生，而是我知道如何维护周先生的自尊以及如何为创业积累资金。在北京的那段时间里，我们只在必要项目上花钱。

还有一次，我和周先生在外面吃饭时不小心噎着了，一直打嗝，可就在那样的情况下，连2元钱一瓶的矿泉水我都没舍得买，唯一的例外是周先生用在深圳工作时，省吃俭用几个月攒到的积蓄买了一部相机和一台笔记本电脑。当我问他为什么要买相机的时候，他深情款款地看着我说："因为我想记录下我们在一起的每一个瞬间。"后来，我们去香山公园、植物园、颐和园、圆明园、故宫……他都用相机记录了下来，这些照片我们今日翻看，依旧感觉温馨，心中充满喜悦。

在北京的那段时间，日子虽过得清贫但却非常甜蜜，没有杂事缠身，没有外人打扰。我们一起看电视，一起外出学习，一起规划未来，每一个日出，都是新的希望升起。可以说，北京是我们的爱情的见证地，也是我思想的转折地。如果说在去北京之前我就种下了创业的种子，那么，在北京的那段时间里，我才真正开始了创业意识的觉醒。

当时，我们窝在出租屋里看最早期的《赢在中国》，看着马云、朱新礼、柳传志、吴鹰等商界名人发表自己的观点，看着几十位学员阐述自己的商业见解，我们的世界一下子就豁然开朗了，人生的目标也变得更加清晰，在通往企业家和投资家的道路上，我们又进了一步。但我知道，这还远远不够，为了学习更系统的商业理论知识，我们每天下班之后都会跑到北京大学蹭课。由于时间太紧，担心赶不上末班公交车，我们经常顾不上吃晚饭就直接上车，有好几次我们都饿得头晕心慌。付出终究是得到了回报，在北京大学蹭课的那段日子里，我们学习了商业理论基础，见到了许多商界名人，甚至还碰到了创业偶像李想，也见到了《商界》杂志的总裁，他们的分享让我们受益至今。

直到现在我还记得，那时，每次课程结束之时的心情，不舍又焦急，不舍的是美好的时光如此短暂，焦急的是，每次下课都是将近晚上十点，要抓紧时间赶上回家的最后一趟公交车。那时的北大校园里经常能看到这样一幅场景：一个男孩子拉着一个女孩子的手，在寒风中飞奔，他们脸上洋溢着学有所得、满载而归的笑容，充满了对未来的憧憬和对知识的渴望。这个画面可以说是我们在北京那段时间的一个缩影：辛苦与幸福并存，甜蜜与疲惫共享。

但终究我还是没有长久地留在北京，作为一个地地道道的湖南姑娘，北京冬季的严寒对我而言是一场巨大的考验，严重的水土不服让我又再次选择去深圳，此外，我更喜欢深圳快节奏的工作氛围。所以，即便当时我在短短 7 个月时间里就从业务员做到了业务经理，但我还是选择了辞职。

在和周先生商量之后，我先行回到了深圳，他用一个月的时间退租，打包好行李，辞掉在北京的工作，随后回到深圳。谁都没有想到，这一决定，却阴差阳错地成就了我和周先生更大的事业。

/02

相互扶持的爱情

每个人都有自己的福地，就像马云选择了仙气缥缈的杭州，王健林选择了山海相连的大连。对我而言，相较于北方冬天严寒的天气，我更喜欢南方温暖湿润的气候。

周先生常说："人生最美好的境界，就是找一个爱的人，去爱的地方，做自己爱的事业。"尽管当时我在北京的工作与学习以及与周先生的爱情风生水起，但冥冥之中有一个声音在呼唤我，让我意识到南方才是属于自己的福地，经过一番心理博弈后，我选择返回深圳。我把这个决定告诉周先生，我本以为他会说服我留在北京，令我没想到的是他居然立马表示支持，并温柔地看着我："当初你为了我，横跨大半个中国，从广东跑到河南，又从河南来到北京，如今我为了你重返深圳，这不是应当的吗？"

尽管他当时说得十分洒脱，但我还是看出了他内心的不舍。这一点在他的自传里得到了证明，他在《因爱前行》里回忆起在北京的那段岁月，字里行间充满了怀念，他写道："我至今还记得去'我爱我家'报到的第一天，阳光特别的好，湛蓝的天空飘着几朵自由的白云……那时候的我，仿佛已经看到了前方的路，如这个城市的秋天般闪耀着金色的光芒。"这是多么美好的青春啊！但他为了我，舍弃了自己的"金色年华"，心甘情愿从零开始。正如我当初在最美好的年纪，不计后果地跟着他走南闯北，爱情的相依相存，大抵就是如此。

有很多人问我："杨老师，你和周老师的感情为什么如今还能像谈恋爱时一样甜蜜，你们是怎么让爱情长久保鲜的？"其实除了我讲的那些婚姻经营的方法和技巧之外，还有一个十分重要的原因，那就是我们都懂得为爱的人做出让步。在婚姻中很多人习惯性地要求自己的另一半为自己无条件地付出，只考虑自己内心的感受，而往往会忽视另一半的真实诉求。这种情感模式如果持续下去，终有一天会引起矛盾的大爆发，让感情走到不可挽回的地步，最终双方分道扬镳。

著名作家菲茨杰拉德曾在《了不起的盖茨比》中写道："如果打算爱一个人，你要想清楚，是否愿意为了他，放弃如上帝般自由的心灵，从此心甘情愿有了羁绊。"这句话让我们明白，爱一个人，是要付出代价的。

我虽然经常说，我们一定先要学会爱自己，但我的本意绝对不是让你变成自私自利之人，而是让你学会审视自己的内心，学会与自己相处。只有懂得如何爱自己的人，才能用爱自己的方式正确地去爱别人，也只有真正爱自己的人，才会值得别人用真心来爱他。如果你的感情经常出现问题，我给你一个最简单的建议：尝试站在对方的角度思考问题。做到这一点，你会发现你们的感情无形之中就会发生不可思议的改变。

当我们从北京回到深圳之后，一切又都要从零开始。周先生选择继续做房地产，因为在当时，中国房地产业随着房价的持续高涨而呈现走高的趋势，房产界迎来了春天。当时，他特地选择了做商业地产，我现在还记得他那时对我说的话。他说："你知道为什么我要做商业地产吗？"我疑惑地摇了摇头，他继续说："因为这样我就能经常接触到企业家了，看他们如何谈判，如何做生意，在和他们的沟通过程中我就能学到很多有用的信息。"虽然当时周先生还只是一个普通的打工者，但他无时无刻不在以企业家的标准要求自己，绝不放弃任何一个学习成长的机会。他的这种思维习惯，不仅让他的成长速度超乎常人，还帮助我成功度过了一次创业危机。

这件事还要从我刚回深圳时说起，回到深圳之后，我开始从事销售管理工作。由于有多年的销售经验傍身，以及我在北京时已经有了职业经理人的管理经验，回到深圳后的第一份工作中，我在短时间内就把倒数第一名的团队带成持续第一名的团队。因此，我的薪水自然也不低，但为了早日存够创业的第一桶金，我和周先生都过着省吃俭用的生活，我们花最少的租金住在一个顶层的铁皮房里，原本我们并没有感到任何不妥，可一次突发的意外事件，彻底改变了我们的想法。

那年夏天，深圳遭遇了巨型台风的袭击。出于安全考虑，房东提前通知我们去救助站躲避，可等我们到达救助站时，却发现现场空无一人。刚开始我们以为找错了地方，可后来仔细一想，救助站的标识那么清晰，不可能弄错，之所以看不到其他人，是因为其他人都躲在自己的家里，只有像我们这种住在铁皮房里的人，才会因为安全问题前往救助站躲避。看着眼前空荡荡的场地，我和周先生商量了一下，最终还是决定回到出租屋。

当时并不知道等待我们的将会是什么场景，直到夜幕降临，狂风和暴雨席卷而来，我们才意识到极端天气的可怕。那一夜是我们永生难忘的记忆，外面的风声如口哨声般尖锐，铁皮房在狂风中嗖嗖作响，墙壁在晃动，天花板在震颤，整个铁皮房好像随时会被狂风撕碎。我浑身发抖，紧紧地抱着周先生，当时我心里想着，就算是死，两个人死在一起也没什么好怕的。周先生将我搂在怀里，轻轻地抚慰着我，我们四目相对，默默在心底发誓，将来一定要买一套属于自己的房子。

那晚的经历让我们下定决心一定要实现财富自由，从那时起，我就着手准备创业的事情。我有想过开服装厂，也尝试过和别人一起合伙开公司。当时，初到深圳做销售时的领导跟别人合作开的一家公司亏损得很严重，几乎快倒闭了，他问我能不能帮他。那时我虽然我已是一家公司的一个职业经理人，每个月都有着好几万元的月薪，但还是毫不犹豫地选择辞职加入他的公司。

我问了自己两个问题，第一个问题："杨韵冉，你是有一份几万元薪水的工作呢？还是你具备了赚几万元薪水的能力？"当我叩问自己的时候，我觉得自己无论在哪里工作，都有赚这份月薪的能力。第二个问题："杨韵冉，就算你有这个能力，你辞掉工作，去帮助领导创业，如果创业失败了，你接下来是否还有勇气从头再来？"当我从内在去找答案的时候，我发现自己辞掉的仅仅只是一份工作，就算最终创业失败，但只要我有赚钱的能力，一切都可以重新获得。

除此之外，还有一个重要的原因，我觉得人生什么事都能等，唯独感恩与回报的事不能等，而我现在拥有的一切都离不开领导当初对我的教导。

加入领导的公司，我仅用了不到一年的时间就帮公司扭亏为盈，净赚了100多万元，这份成绩让我发现创业似乎也不是很难的事情，只要我懂销售，懂得企业的经营管理，就能轻松地做起一家公司。初次尝到经营企业成果的我开始得意扬扬，但残酷的现实很快就狠狠地给了我一巴掌。

两年之后，我独立开办了一家公司，租了300多平方米的办公室，招聘了60多个销售人员，但我不再像之前那样事事亲力而为。我错误地认为当老板就是每天喝喝茶、看看报纸，偶尔给员工开个会，甚至从来没有想过需要亲力亲为去开发客户，而把公司的一切经营都交给了员工，这种错误的认知给我带来了惨痛的教训，公司开办短短3个月，我就赔光了之前的所有积蓄。

当我沮丧地把这个消息告诉周先生时，他并没有责备我，而是认真地分析公司的经营情况，帮我重新招人，重新梳理公司的组织架构，努力帮我止损。周先生告诉我，创业的第一核心是能力、经验、资源，而当一家公司聘请的管理者并不具备这些条件的时候，老板就应该亲力亲为地带领团队做业务，手把手教会团队销售和管理。

周先生说："也许你是最牛的职业经理人，可是你并不知道怎么做老板。"在他的指导下，我开始学习如何做一个合格的老板，并亲力亲为地参与公司的具体运营和管理。

后来我才知道，在我人生最绝望的那段时间里，周先生曾对我表姐说："如果韵冉的公司倒闭，我会马上和她结婚，我不会让她在人生最艰难的时候一无所有。"当我与表姐的一次聚餐中，从表姐口中听到这句话时，坚强的我忍不住泪如雨下，我彻底认定周先生就是这一辈子和我携手白头的那个人。

在举步维艰的时刻，我首次向父母、弟弟借钱给员工发工资。在周先生的指导下，我重整旗鼓、再度出发，不久之后，公司开始扭亏为盈。

2010年农历小年前夕，周先生向我求婚了，还记得我们去民政局领结婚证的那天，阳光格外明媚，空气中弥漫着甜蜜的味道，一切似乎都在为我们两人的结合而高兴。我们拿着结婚证书，在民政局的门口开心得像孩子一样，那一刻，我感到非常幸福和踏实。

选择与周先生步入婚姻，深藏其中的一个重要原因便是他对我无微不至的关怀。从二十岁与周先生相恋开始，直至二十四岁我们进入婚姻的殿堂，他始终用细致的关心包围着我。因为害怕黑暗，夜晚周先生都会为我留一个小灯。对黑暗的恐惧在我内心深处扎根有着两个根源，一是缺乏母爱的我在潜意识中孕育出一种无法言说的恐惧；二是小时候的我看了太多的恐怖片，导致夜晚独处时总会不由自主地想起那些可怕的画面。因此，当晚上只有我一个人时，我会保持灯光亮着入睡。

由于我过去患过肾结石，医生告诉我每天要多喝水，于是我养成了大量饮水的习惯，即使在入睡前也要喝一杯水。因此，每晚都需要起身上卫生间已成为我的常态。周先生曾透露，他自己也害怕黑暗，然而他却义无反顾地扮演我的守护使者。这样的小细节，短期的坚持或许并不难，但周先生却为我坚持了四五年，直到我怀上新生命。或许是即将成为母亲的责任感，抑或是对未来新生命的期待，我逐渐战胜了对黑暗的恐慌。随着我不断地成长，内心的阴霾渐渐消散，那些曾经的黑夜幽影也已不再困扰我。但这段美好的记忆，见证了周先生深深的爱与关怀，同时也成为我生命中的温暖回忆。

写到这里，我想对我的幸福关系做一个阶段性的总结。我一岁多就失去了亲生母亲，从小被寄养在叔叔家里，奶奶的庇佑，但依然饱受艰难。这怎么看都不算是一个美好的童年，但我依然凭借自己的努力收获了事业上的成功和爱情上的幸福，其中最重要的原因是什么呢？我认为主要是逆向思维能力。当别人在辱骂、打压我的时候，我并没有因此一蹶不振，反而把这种痛苦转换成了奋斗的动力，这是我没有被不幸的童年压垮的重要原因。当我在工厂打工看不到希望的时候，我并没有认命，而是在思考应该如何改变自己的现状，这是我后来离开工厂去做采购、去做销售从而改变人生的重要动力。正是这种逆向思维，我才坚信自己值得拥有更好的工作、更好的伴侣，这才促使我一步一步走向成功。

很多人之所以坚信不幸的童年需要用一生去治愈，是因为他们的眼睛里总是习惯性地看见事物悲观的一面，而不能看到事物积极的一面。请思考一个很浅显的道理，既然上天给我们安排了不幸的童年，既然我们的起点就在低谷，那我们又有什么好顾忌和抱怨的呢？反正也没什么好失去的了，只要努力，人生就是在向上爬。如果你能拥有这种心态，而不是活在悲惨的童年记忆里不能自拔，你的人生又怎么可能不改变呢?

　　当然，我的感情生活其实也不是一直都是柔情蜜意，在我和周先生结婚后也遇到了一些波澜和坎坷，也有过矛盾争吵，甚至在离婚的边缘徘徊过，但是那有什么关系呢? 痛苦的体验就是为了唤醒我们成为更好的自己，帮助我们走向全新的自我。

/03
婚后的矛盾期

有一个流传很广的笑话，老公在看足球直播，老婆凑上去问：这是哪队踢哪队啊？

老公：德国踢巴西。

老婆：这是中超联赛吗？

老公：世界杯！

老婆：中国队在哪儿？

老公：跟你一样在看电视。

老婆：为什么不上去踢啊？

老公：因为水平不行。

老婆：我们不是有姚明吗？

老公：……

这个段子虽然看似夸张，但类似的剧情，每一天都在不同的家庭里上演。男人和女人由于生理构造和思维模式的不同，感兴趣的事情和情感表达模式也有很大的差异。

在结婚前，我曾多次跟周先生开玩笑说："等你有钱了以后，你养我可好，我要做人人都羡慕的被老公心甘情愿照顾和呵护的全职太太。"周先生每次都开心地拥抱着我承诺说："我一定会让你成为一个人人都羡慕的幸福女人！"就在我们结婚半年左右的时间，我就怀上了宝宝，我也如愿地做起了全职太太，可现实却没有我想象中的那么幸福快乐。周先生每天都奔波于自己的事业，我们两人每天接触到的人、事、物也开始截然不同，生活节奏也完全不一致，我突然发现，我们之间的共同话题变得越来越少。他每天忙完繁杂的工作之后回家累得倒头就睡，看到他不像以前那样跟我聊床头话，也不和我讨论工作中的事情，更不像以前那样随时随地照顾到我情绪的变化，我突然有一种强烈的失落感，我感觉到自己不再受重视了。我觉得身边的这个男人不那么爱我了，我甚至感觉到他的忙碌也只是一种躲避与我相处的借口，负面的情绪开始在我的心里积压得越来越多。

我怀孕七八个月的时候，周先生的母亲突然生病住进了传染病医院。周先生由于工作繁忙，白天完全没有时间，所以照顾婆婆的重任就落在了我的肩上。我每天挺着大肚子，在家里做好饭菜然后颤巍巍地带去医院，时刻不离地陪在婆婆身边照顾她的衣食起居。医院里的人看着怀了孕的我每天都去照顾婆婆，就对我婆婆说："你这女儿真好，怀着孕都这么大肚子了，还每天都坚持来照顾你。"我婆婆笑着说："这是我儿媳妇。"旁边的人纷纷称赞："你这儿媳妇真孝顺，简直比女儿都亲呀！"

在那长达一个月的医院照顾和陪伴过程中，我认为自己已经做到尽心尽力了，我认为我在为周先生孕育孩子，为周先生用心照顾妈妈，我对得起周先生一家人，这种想法在当时的我看来都是源于对婚姻、对家庭、对感情的付出。但在当时的情况下，我的付出似乎并没有让我和周先生的感情升温，反而加剧了我们之间的矛盾。他白天忙工作，晚上去医院打地铺陪母亲，彻底剥离了和我沟通的时间。在婆婆住院期间，我也拿出自己之前攒的积蓄，支付了每天高昂的医药费和住院费，而那时候处于事业上升期的老公，完全忽略了我的感受。

不久之后，公公从老家来到深圳照顾婆婆，而周先生的忙碌显然没有尽头。本以为不需要夜晚照顾婆婆的周先生会有空开始关心即将临产的我，但是他似乎忙得并没有多少时间关心我。我感到十分委屈，心里想着男人都是骗子，婚前对我百依百顺，结婚后就不愿意再花时间哄我了。

为了让我们的关系回到婚前的甜蜜状态，我开始频繁地和他争吵，目的就是想引起他的注意，让他和我道歉，找回恋爱时那种被捧在手心里的感觉。可是，随着我的步步紧逼和无理取闹，周先生从最开始的耐心解释慢慢变成了逃避，他开始刻意减少和我沟通的时间，这种举动让我更加坚信他变心了的结论，也让我们的关系更加恶劣。

当时的我完全不懂这是由男女的思维差异造成的，在女人的情感需求里面，关爱、体贴和安全感是非常重要的三个要素。无论在什么时候，我们都渴望自己的另一半关注自己的情绪波动，希望他们永远像恋爱时那样重视自己、宠爱自己。但男人的情感需求却完全不同，他们非常看重伴侣对自己的理解、信任和支持。一旦他没办法从另一半那里得到这些需求，他就会选择逃避，这种下意识的行为就会被女性理解为不爱自己。

其实，男女面对压力时，做出的反应有很大的差异。女人如果遇到一件棘手的事情，第一反应是找人倾诉，把心中的苦闷释放出来。而男人面对压力的时候，第一反应就是缩回自己的洞穴里，冷静思考应该如何解决问题。当时，我正处孕期，因为荷尔蒙波动很容易陷入一种敏感和多疑的焦虑状态中，我想要得到周先生更多的陪伴和倾听，可周先生却因为工作和母亲的事情，没有那么多时间与我沟通，这就造成了矛盾的积压。而我借机和他争吵的时候，他又面临了多重压力，这让他不由自主地又躲进了自己的个人世界里。我看到他这种逃避行为，进一步加剧了我的愤怒，导致矛盾愈演愈烈。所以，我和周先生的婚后生活其实并没有那么顺利，我们刚结婚就遇到了很多问题，而且，这还不是我们情感危机最严重的时候，真正让我们的感情差点滑落到破裂边缘是在儿子出生之后。

时隔多年，在我的婚姻进入至暗时刻即将破碎的时候，我才开始反思一个问题：两个人通过恋爱磨合，进入婚姻的殿堂，可是夫妻俩却从来没有学习过如何经营婚姻，更没思考过另一半与自己是完全不同思维的物种。很多新婚夫妻就是如此轻率地进入了婚姻中的"裸泳"状态，甚至从来没有思考过：婚姻需要学习如何经营。直到在婚姻中不断地遇到难题，我们无一例外地撞得头破血流，甚至以夫妻关系或亲子关系破裂作为代价。这个时候才会开始思考如何才能改变，而多数的人会把所有的不幸又全都归咎于是"无情的另一半的伤害"造成的。

生完孩子之后，在长达半年的时间里，我一度认为老公可有可无，有孩子陪伴在身边就行。这个时候就出现了一种局面：一方面，我对孩子无条件付出，母爱泛滥的我只想把自己所有的关爱都放在孩子身上；另一方面，我对周先生也表现得十分冷淡，甚至开始出现不愿和他沟通，在这种强烈的落差之下，他完全感受不到来自我的爱意。

如果说他在我怀孕期间的忙碌让我有了落差感，那么，我在生完孩子之后爱的转移也让他在两性关系上充满了挫败感。而且，当了妈妈之后，我就变得不太在乎周先生的看法了，那时候的我每天疏于打扮，身材走形，素面朝天，在周先生眼里也开始渐渐失去魅力。我们几乎已经来到了感情破裂的边缘，两个人虽然还睡在同一张床上，但房间里却经常会出现长久的沉默。我也已经变得不在乎他会不会像恋爱时那样把我捧在手心里，只要有孩子陪伴我就满足了。周先生也不知道应该如何和我沟通，看着冷淡的我，他十分沮丧。当初甜甜蜜蜜的感情，在短短一年多的时间里，就发生了翻天覆地的变化。

多年以后，我回顾起这段经历，总结出了几个核心关键点，希望能够帮助到有同样婚姻问题的你。

第一，我们要接受的是，男人婚前和婚后态度不一致是一件必然的事情。男性在恋爱的时候会十分主动，展开强烈的攻势，就算发生争吵，也会主动道歉，但这种状况是不可持续的。如果你要求男人长期摆出一种妥协者的低姿态，他们的精神就会被压垮，会感觉自己失去了男人的尊严。所以在婚后男人会回归到一种正常的相处状态。

第二，在生完孩子之后，夫妻要形成统一的价值观，一起爱孩子、抚养孩子，及时沟通，摆正自己的身份。妻子一定要明白，有了孩子，你只是多了一个母亲的身份，与此同时，你还具有妻子的身份，孩子不能完全替代老公的位置，更不能因为孩子的出现，而忽略老公的感受。在家庭关系里，夫妻关系永远是第一位，其次才是亲子关系、父母关系和婆媳关系，如果你弄不清楚主次，你的所有关系都有可能出现问题。

其实，我还是十分幸运的，遇到了一个懂得包容我的老公，即便那时我们的关系十分紧张，甚至一度充满了危机，但他还是给了我成长的时间，才让我们的婚姻没有走到分道扬镳的那一天。后来我问周先生："在我们感情濒临破裂的时候，你为什么没有放弃我？"周先生看着我感慨地说："我一想到当初那个二十岁的小姑娘舍弃一切跟着我走南闯北，不嫌弃我穷，不嫌弃我赚的钱比她少，那么尽心尽力地照顾我的家人，全心支持我的事业，把最美好的时光奉献给了我，我就发自心底地感激，我没有任何理由放弃你。"但并不是每一段感情中都有像周先生这样包容和充满善意的伴侣。作为人世间情感的修行者，我们应该做的不是等到出现问题再去弥补，而是尽可能提前规避情感中可能出现的问题，这也是我撰写本书的目的所在。

　　想要了解男女之间的感情，就应该先了解男人和女人之间的差异。男人和女人在情感需求上是完全不同的物种，1% 的差异就决定了他们整个世界 100% 的不同。如果男人把自己所有的情感需求用在女人身上，男人的婚姻一定很糟糕；如果女人把自己所有的情感需求放在男人的身上，男人一定很痛苦，同样女人也会不幸福。一个男人给女人最好的礼物，就是了解女人的情感需求，并且用女人的情感需求去对待她：倾听她、呵护她、宠爱她、陪伴她，给予她安全感，对她忠诚；一个男人给女人最好的礼物，就是给到女人想要的爱，而不是你认为的爱。因此，要知道睡在你身边的那个人最想要的是什么，只有这样，我们才能对症下药，拥有和谐幸福的夫妻关系。

第五篇

| MARRIAGE |

男女差异

/01

婚后如何保持亲密关系

"老公，你怎么这么敷衍，是不是和我待腻了？"女子有些抱怨地问。

"没有没有"，男子连忙解释说，"老婆，你那么美，我怎么会腻呢？只是最近工作的事情比较繁忙，我的注意力有点不太集中。"

安抚好老婆的情绪，男子长叹一口气默默地走向阳台抽了支烟。

这样的场景我相信在全世界每天都在发生，两个人显然还很相爱，也没有出轨和背叛，但似乎已经失去了激情和新鲜感。尽管还没有发生感情危机，但双方心知肚明，这段感情早已没有那么坚不可摧。从最初的每天都要亲亲抱抱好得像一个人，到如今的相对无言各自沉默，这是很多失败感情的必经阶段。

电影《七年之痒》告诉人们，爱情每隔7年就很可能会出现一段危险期。有人给出的解释是，人的细胞平均7年会完成一次整体的新陈代谢，在不断死亡和更新的过程中，细胞会慢慢遗忘掉曾经那些美好的记忆，如果7年后你没有重新唤醒那些美好的记忆，那么，你的体内可能没有一个细胞会记得当初的爱有多么甜蜜。虽然这样的说法并没有专业的科学依据，但现实中大部分人确实都出现了"感情懈怠期"，所以，"七年之痒"的说法也就延续了下来。

我和周先生也不例外，虽然我们在恋爱的时候整天都想黏在一起，感情十分稳固，但随着时间的推移，我们在婚后也出现了激情消退的"危险期"。在结婚之前，周先生曾对我展开强烈的攻势，送礼物、说情话、制造各种浪漫和惊喜，即便和我吵架也会立马认错：老婆永远是对的！那时候的我以为这就是爱情本来的样子，永远被甜蜜包裹，永远被爱意笼罩，但是结婚之后，我突然感受到了一种强烈的落差感，周先生停止了他的爱情攻势，送礼物也没有以前那么上心，遇到矛盾他会和我据理力争，变得不主动认错了。从恋爱的激情期开始进入婚姻的磨合期，我突然觉得他变了，变得不再"以我为中心"，我的心中升起了一种被欺骗的感觉，觉得被追到手后男人就会变心。

我们在一次又一次的吵架和冷战中消耗着多年的感情，而我也无数次生起想要离婚的念头，直到我走进两性关系的课堂，了解到男人和女人本就是截然不同的生物。我们开始尊重彼此的差异，再加上夫妻同修，最终我们走出了情感危机，重回恋爱时的甜蜜。接下来，我会告诉大家，男女之间的四大差异和六大情感需求。

/02

男女之间的差异

俗话说："知己知彼，方能百战百胜。"男女之间存在的很多矛盾，其源头就是对另一半的不了解。男人喜欢什么样的沟通方式？女人什么时候渴望被倾听？如何解决婚姻中的意见分歧？如果你没有对这些问题进行系统的学习，将很难靠自己的努力摸索出解决方案。

婚前，我和周先生的感情经历都比较少，也没有学习过两性关系的知识。组建家庭后，热恋期的激情开始褪去，当初那些被掩盖的矛盾和冲突也逐渐浮出水面。为了帮助大家避开男女相处的雷区，在大量学习和实践之后，我总结出了男女之间的四大差异，了解了这些差异，才能在处理婚姻中出现的矛盾时不至于手足无措。

第一个差异是男女生理特征的不同。女人皮肤光滑细腻，身材凹凸有致，而男人的皮肤相对粗糙，身材更加平整。这种差异决定了女人在追求和保持美的领域会比男人投入更多的金钱和精力，而大部分男人并不怎么在乎自己的外形。我们在生活中经常能看到，女人出门前要花好几个小时化妆，而男人随便套上一件衣服，蓬松着头发就能走出家门。

当然，在这方面我和周先生是个特例。在我看来，花那么多钱去购买进口化妆品和昂贵的衣物不符合财商里面"延迟享受"的理论，但在周先生看来，为自己的形象投资，让自己变得更自信，让别人更信赖你，这是一件很重要的事情。

周先生二十岁做房地产销售的时候，对我说，一个顶尖的销售出去见客户需要一套看起来很得体的"战袍"。那个时候，做电话销售的我并不需要出去见客户，因此，尽管我只穿着一两百元钱的衣服，却愿意为周先生花两千多元买一套西装。此前，我是一个不怎么喜欢打扮的人，我觉得每天花一两个小时化妆实在是太浪费时间了。所以，在购买衣服和化妆品方面我并没有投入太多的金钱，而周先生在这方面从来没有刻意地去节制。虽然我和周先生在金钱方面没有发生过争执，但我们在消费方向上还是有所差别的。

由于生理构造的不同，男女双方在性爱上的需求和感受也不同。有一句话形象地概括了男女看待性爱的差异：男人会因为想要一床被子，最后和女人一辈子，而女人往往想要一辈子，所以愿意和男人一床被子。男人是先有了性的欲望和目的才有爱的可能，而女人往往是因为爱，才有了性的需求。男人喜欢单刀直入，直接进入主题，他们更侧重于满足和释放自己的欲望，因此，往往男人会引爆得非常快。而女人却完全不同，女人愿意和你发生关系并不只是为了释放欲望，她们是因为爱你才愿意与你共赴云雨，她们更多地把性爱看作表达爱意的一种方式。在发生性关系之前，她们希望有一些前奏和铺垫，最好是能布置一个温馨浪漫的环境，然后通过一些肢体接触和情话互动调动起她们的情绪，而很多男人只管释放自己的欲望，却没有考虑伴侣的真实感受，所以，夫妻生活长期不同频，时间久了，两人的感情就容易出现问题。性爱在夫妻关系中至少占了70%的重要性。男女双方如何保持性关系上的和谐，在后面的章节我会更详细地说明。

第二个差异是思维方式的不同。如果一个男人告诉你，他不爱你了，那么他有很大概率是真的想结束和你的关系。但如果一个女人和你说，她不爱你了，那么最大的可能是她想引起你的注意。

在我和周先生恋爱四五年的时间里，只要发生矛盾，不管是谁的错都是他先给我道歉，但是我们结婚、生子后，他每天忙于事业，对我的关心也越来越少。为了引起他的注意，我有时候会没有来由地发火，故意与他争吵甚至和他提出离婚，而我一切"作"的行动只是在表达自己的不满，渴望周先生像恋爱时那样继续把我捧在手心里。可周先生完全不能理解我的真实想法，在我提出离婚的那天夜里，他心如刀绞，一个人躲在走廊里独自叹息，他真的认为我不再爱他了，他想不明白当初甜蜜的两人为什么会走到这一步。

在生活中我也会经常没来由地和周先生倾诉一些琐事，如"我感觉我又长胖了""我又多了几根白头发"，等等，其实我只是单纯地表达自己的真实感受，但周先生却认为我在向他询问解决方案。所以，他每次都会非常认真地告诉我，如何减肥？如何才能减少白发？这样的沟通方式让我觉得十分无趣。在周先生的眼里，我整天都在说一些没法解决的问题，毫无意义，简直是在浪费时间，但在我眼里，周先生打断我的倾诉，说出一个他认为可行的解决方案，这是完全不懂我的真实需求。因为我根本不需要任何人帮我解决问题，我只需要有人能够倾听我的内心感受，对我的境遇能够感同身受而已。

事实上，以前的我也完全不懂男人的思维方式，每次周先生遇到问题询问我的建议时，我都不是直接说出对事件的看法，而是立马告诉他，你应该这样做，你按照我的方法准没错，甚至当他犯了一些错误时，我会指导他甚至直白地改造他，这让他很受伤害，他认为我一点都不信任他，并错误地认为我给的有效建议其实是在质疑他的个人能力，所以我越是指导他，他反而越不会听取我的建议。我心里却在想着，我明明是为了你好，你为什么不领情？甚至我认为他根本就不相信我，为此我感觉自己很受伤害。

婚姻中，夫妻关系为什么会出现这样的场景呢？多年以后我终于明白，绝大多数男人终其一生，其实都想在女人心目中建立一个很强大的形象。同样的建议，别人提出来他可能会虚心地接受，但如果是自己的女人提出来，则会被视为对他个人能力的质疑，这会严重打击男人的自尊心，即使建议是对的，他可能也不会听，或者即便听了改了也是心不甘情不愿的。

以前的我总是一副"我教你做事业"的样子，总是渴望去控制和指导他，让他朝着我期望的方向变得更好，这让他经常感觉很没面子。我清晰地记得，有一次，周先生在台上演讲，我发现演讲中有一个逻辑错误，就当场指出"你这样还可以更好"，全场鸦雀无声，周先生愣在原地，虽然故作镇定，但那种尴尬的气氛充斥着整个会场。演讲结束后，周先生非常生气，故意躲开我，见此状况，我气愤地认为他不听我的建议，抓住机会又和他大吵了一架。

男人和女人的思维方式是完全不一样的，在公开场合，女人一定要给足男人面子，这样男人才会越来越爱你。但女人习惯了做"家庭改造委员会"的会长，就像男人习惯了给解决方案做"修理大王"一样，然而，男女天生的不同属性却很容易引起更大的矛盾与误会。夫妻的和谐相处里一定要学会站在对方的角度，用对方喜欢的方式和语言，在对的时空里达到共赢的结果。

男女的第三个差异是语言模式的不同。女人比较喜欢使用夸张的形容词和带有强烈感情色彩的词汇，比如说女人出去吃了一顿饭，会说："巨好吃！"女人看了一场电影，会说："超级好看！"这种略微夸张的表达方式更容易清晰地表达出内心感受，但在男人看来，这有些夸大其词，会影响他们的真实判断。当男女在讨论一些问题时，传达和接收的信息是不一样的，这也非常容易产生分歧。

有一次，我发现了一位高人，想让周先生去向他学习。我对他说："老公，我找到了一位高手，超级厉害！"听到我对高人的夸赞，周先生满怀期待地去见了高人。一番交流之后，周先生感觉对方并没有我说的那么厉害，内心有些失望。对方是位男性，而已经很久没有夸奖过周先生的我却对另一个异性表达欣赏和认可，这让周先生更加难过了。这种沟通上的偏差在我们的生活中经常发生，后来，直到学习两性关系，我才明白，不管遇到多厉害的男性，哪怕是自己的老师，都不要在自己的先生面前表现出比对老公更大的欣赏和崇拜。男人吃醋的本事比女人更厉害，只是因为大多数女人注重界限感，所以这个被男人隐藏的秘密就不易被察觉出来。

除了习惯用语的不同，男女在表达方式上也完全不一样。女人喜欢打太极，总是避免正面回答问题，这样显得委婉一些。女人经常用一些礼貌性用词修饰自己的语言，比如："老公，你能不能帮我倒杯水？"但男人恰恰不同，男人说话做事的风格直来直去，他会直白地表达自己的需求："老婆，给我倒杯水！"这种表达会被女人认为男人在命令自己，会感觉到自己没有得到应有的尊重，所以经常因为这种小事把家里闹得鸡飞狗跳。而男人看着女人发狂的样子又觉得莫名其妙，因为他实在想不明白自己到底错在哪里。

第四个差异是情感倾向的不同。很多男女明明相互喜欢，最后却遗憾错过，很重要的一个原因就是彼此之间无法理解对方的真实想法。对于大多数男人来说，如果喜欢上了一位异性，他会大胆地告诉她，然后展开追求。但对于女人来说，即便她喜欢这个男人，也不会轻易地表现出接受的意愿。她会避免直接回应，甚至有时还会刻意拉开距离，其目的就是不能让男人觉得自己这么容易就能被追到手。对女人来说，她们真的很享受被男人追求的过程。

但在男人眼里，如果第一次表白被拒绝，那就意味着失败，很多人就会停止追求，而女人在等待追求的过程中也会大失所望，认为男人可能并不爱自己，所以原本相互喜欢的两个人，最后只能遗憾地错过。这就是为什么在网上会有一个阅读量过千万的帖子：为什么现在的男生都不追求女生了？其根本原因就是男女情感倾向的不同导致无法理解对方的真实意图。在如今这个快节奏的时代，大多数人宁可换一个追求目标，也不愿意在一个目标上花太多时间。

当初，我和周先生谈恋爱时也是一样的情况，其实，一开始我对周先生也怀有好感，但我一直没有表露出这种好感，导致当周先生知道我回老家见过之前的男友后认为自己没戏了，最后在周先生的追求和真诚表白下，我才答应了他的请求。

男女在沟通时，情感倾向还有一个明显的区别，那就是，男人喜欢讲道理，女人喜欢讲感受。很多男人在家里总是喜欢讲道理，讲对错，渴望用自己的正确观点来证明妻子的错误观点，这在婚姻关系里是一种错误的行为。男人谈论一件事，就是单纯地在讨论那件事，而女人在讨论一件事的时候，往往会跳开那件事，讲自己对这件事的感受和认知。她们不会直白地告诉男人自己的真实感受，而是渴望男人能猜到她们的心思，所以和女人讲道理的男人，最终都会以争吵收场。不是说女人不讲道理或者不懂道理，而是女人的内心深处，需要的是男人不顾一切和自己站在同一立场，维护自己的满足感，以及对她们情绪的感同身受。

如果男人能够让女人明白，你就是他一辈子要保护的女人，那么女人自然会意识到自己有不对的地方的时候进行道歉和示弱。最初，我和周先生没有学过家庭关系、夫妻关系的时候，也经常会遇到这样的场景，周先生只要和我讲道理，我就觉得他不爱我了，他不了解我的需求，他不够重视我。这个时候，我会立马打断他的发言，最后两人闹得不欢而散。其实，最初的那个问题还是没有得到解决。所以，智慧的男人不会和女人讲道理，尤其不会在女人有情绪的时候讲道理，无论何时何地，只和女人讲爱，让她随时随地都能感受到你爱她，而在爱里面，女人就懂得了男人的道理。记住，幸福的家庭成员要做到：家是讲爱的地方，而不是讲理的地方。

男人和女人之间的差异就像太阳和月亮、大海和小溪，这种差异是天生就存在的。如果不坚持学习，不共同成长，那么整个家庭都会被经营得鸡飞狗跳。但是当我们了解了彼此之间不同的时候，就能尝试站在对方的角度看问题，去理解对方的真实感受。多一个视角看世界，我们的思维也会变得更加广阔，婚姻也会越来越幸福。一定要记住，在婚姻关系的相处方式里面，千万不要用胡萝卜去钓鱼！

/03

男女不同的情感需求

有一个非常经典的故事：有一只小兔子去钓鱼，第一天什么都没钓着，第二天也毫无收获。第三天小兔子刚走到岸边，一条鱼突然跳出来叫道："你明天再用胡萝卜钓鱼，我拍死你！"鱼为什么想拍死兔子？是因为兔子用胡萝卜当诱饵。兔子为什么用胡萝卜钓鱼？是因为兔子自己喜欢吃胡萝卜，就错误地以为鱼也喜欢吃胡萝卜。

每一年都会有几位学员哭着找到我说："杨老师，我把自己最好的东西都给了他，舍不得吃舍不得穿，可是，老公最后还是抛弃了我，他真的很没有良心！"面对这样的情况，我往往会问："你真的知道你的老公想要的是什么吗？"大部分女人都用自己的情感需求去对待男人，如果男人不接受、不回应或没有达到自己的预期，女人就会觉得自己受到了伤害。其实，男人和女人的有些情感需求是相反的，当你把自己觉得最好的爱给到对方的时候，可能于对方而言是牢笼、枷锁。

在婚姻关系里，很多人都干着拿胡萝卜钓鱼的事情，费尽心力最后还是感情破裂，却不知道自己到底错在哪里。为了让大家清晰地知道伴侣想要的是什么，我将在本章讲清楚，男人和女人的需求到底是什么？

根据心理学家的研究，男女分别有六大情感需求：

女人的情感需求：倾听、陪伴、宠爱、浪漫、忠诚、安全感。

男人的情感需求：信任、认可、支持、鼓励、崇拜、自由。

很多男人往往从自己的角度出发，会给女人很大的自由，但这种行为可能会被女人漠视。因为自由是男人的情感需求，女人更在乎的是安全感。当一个男人询问妻子外出的去向时，妻子会认为男人在关心自己；当一个男人对妻子的去向不闻不问的时候，女人会感觉被忽视。而在这方面，男人则刚好相反，当男人外出时，女人的询问和"关心"反而让男人感觉到不被信任。

在生活中，经常能看到妻子查丈夫手机的行为。在女人看来，查看伴侣的手机说明女人在乎他，这是她获得安全感的重要来源之一，她不认为自己的行为有问题，但在男人看来，这是赤裸裸的不信任，也是在侵犯他的个人隐私。相反，如果丈夫查看妻子的手机，妻子大概率不会认为这是在侵犯她的个人隐私，她看到的是这个男人是因为爱她、在乎她，才会翻看她的手机。

没学习之前，我也曾犯了很多女人都会犯的错误。周先生创业早期，他每天早出晚归在家待的时间少之又少，给他打电话，好不容易接通了，还没说几句话就因为工作忙匆匆挂断，我感觉到在他心里工作比我更重要。于是，我疯狂地给他打电话、发消息，甚至多次趁他洗澡的时候查看他的手机聊天记录。当他发现我翻看他的手机后，他就开始指责我不信任他，束缚他的自由，在这样的冲突之下，我们的关系迅速滑向了破裂的边缘。

为了缓和我们之间的关系，周先生给我报了两性幸福的课程让我去学习，学习之后，我将学到的知识通过实践运用在了我们的婚姻相处之中，并开始传播家庭幸福和夫妻相处之道……

在一次演讲中，我说了这么一句话："当老婆开始偷看老公的手机时，你们的婚姻就已经开始出现了裂痕。"那一瞬间我心里咯噔了一下，从此，我再也没有偷偷看过周先生的手机，并且在周先生出门的时候，我也很少会追根究底地问他去哪里、去干什么。当我逐渐改变的时候，我发现他对我的关心反而比以往更多了。

后来，我问周先生："为什么当初我那么不信任你，你都没有离开我，反而送我去学习？"周先生看着我认真地说："因为在我一无所有的时候，是你始终信任和支持我，你给了我尊重和鼓励，没有你就不会有我的今天，我一直都记在心里。哪怕你后面开始不再那么信任我，甚至一度怀疑我，我依然相信总有一天，你会找回最初的自己，我们还能够恢复到最初的关系。"

他的这番话让我陷入沉思，曾经的我给了他什么呢？我发现，在我们恋爱的过程中，我给了他支持，无论他是回河南还是去北京，我都毫不犹豫地支持他的决定；我给了他鼓励，在他没有获得结果甚至开始怀疑自己的时候，我夸他是最有上进心的人；我给了他信任，在所有人都不相信他能实现梦想的时候，只有我义无反顾地站在他身边，坚信他前途不可限量……我在无意间满足了他的六大情感需求，所以，他和我携手走进了婚姻的殿堂。

同样地，为什么我会选择周先生？我思考了这个问题，最终从记忆的碎片里，找到了答案。

在无数个寂静的深夜里，是他耐心地倾听我的感受，从企业投资到身边鸡毛蒜皮的小事，他是最好的倾听者；在我最难过的情绪低谷期，是他一声不吭地站在我身边紧紧握着我的手，他是最好的陪伴者；他对待感情忠贞不贰，偶尔还会制造一些惊喜的小浪漫；他也是我最坚实的后盾，在我企业濒临破产的时候及时出手挽救危局……他在无意之中也满足了我的六大情感需求。

我想明白了这些道理，我突然意识到，我们在婚姻关系中冲突的根源到底在哪里。

很多女性朋友不知道，男人需要被爱人信任。一旦男人不接电话，不回短信，或者是回到家里说话时支支吾吾，就可能会被怀疑有外遇。在亲密关系中，信任是基石，没有信任的婚姻绝不会长久。对伴侣多一点信任，少一点猜疑，婚姻的幸福指数才会高一些。

很多女性朋友不知道，男人需要被爱人认可和鼓励。经常拿自己的丈夫和其他成功人士做对比，最终伤害了男人的自尊，两人的关系也越来越远。如果你非要拿自家的老公和别人比，也一定要拿自己老公的优点同别人比，按照这个方式去对比，你会发现你老公的自信心会增强，而你们的关系也会变得越来越好。

很多女性朋友不知道，男人需要被爱人支持和崇拜。不管丈夫有什么想法，多数没有学习过的女人都会第一时间站出来否定和打击。长此以往，男人无法从妻子这里获得成就感，就会去其他女人那里寻找情感寄托。女人也会发现自己的丈夫再也不会和自己商量任何事。一个女人如果能够发自内心地支持和崇拜自己的老公，给到他力量，那么他永远都不会离开你，因为在他的世界观里，你就是全世界最好的女人。

我在讲课的时候经常会提到女人的正确定位：不要做离不开男人的女人，而要做让男人离不开的女人。要做到让男人离不开的女人，了解男人的情感需求就成了第一核心要素。

很多女性朋友不知道，男人需要自由。不管丈夫去哪里，女人都要刨根问底，甚至阻止丈夫的正常社交。她们不明白，其实经营婚姻关系和放风筝是一个道理，应该松弛有度，抓得太紧，反而容易让风筝脱手而去。因此，女人要给男人足够的自由。

很多男性朋友不清楚，女人需要倾听和陪伴。当她和你诉说那些生活中的琐事时，那是她表达情感的重要方式，如果你置之不理，甚至选择逃避，她的心就会离你越来越远。

很多男性朋友不清楚，女人需要浪漫和宠爱。一成不变的夫妻生活，偶尔需要来一点精心准备的仪式感。在结婚纪念日和情人节这些特殊的日子里，一个恰到好处的小礼物，会让你们的感情变得更加甜蜜。所以男人要多给自己的老婆买礼物，不管她说要还是不要，一定要养成习惯。因为在女人的情感需求里面，浪漫和仪式感真的很重要，没有女人能够拒绝浪漫。

很多男性朋友不清楚，女人需要忠诚和安全感。你不需要时时向她汇报你的行程，但至少要让她清楚，你大概在做什么事，只有她们内心的顾虑被打消了，她才不会缠着你追根究底。

在现实生活中，女人和男人不知道的事还有很多很多，我们需要不停地学习，不管你现在是正在恋爱，还是已经步入了婚姻的殿堂，假如你不知道如何更好地和异性相处，你的感情很难有一个很好的归宿。

第六篇

夫妻相处的三大问题

/01

情感需要润滑剂

在日常生活中，很少会听到有人大方地谈论"性"方面的问题，源于我们国家传统文化根深蒂固的影响，很多人都把"性"视作一件十分羞耻的事情，大家都心照不宣地对"性"闭口不谈。因此，很多人结婚之后把性爱当作一项任务，每次都是草草应付了事，甚至还有人把性爱当作一件可有可无的事情，在孩子出生之后就把精力彻底地从另一半身上抽离，长期的无性生活让两人的情感迅速降温，甚至于出现了感情破裂的局面。

在生完大宝之后，我开启了人生重要身份的转变，我第一次扮演起母亲的角色。看着怀里这个与我血脉相连的小生命，隐藏在内心深处的母爱汹涌而出，把大部分的精力都放在了孩子身上，对外界的一切都显得不太关心，就连每天同床共眠的周先生也开始冷落。

他敏锐地察觉到我态度的变化，意识到我们的关系可能出现了问题。为了修补我们的关系，他尝试与我沟通，可是我依然是一副拒绝沟通的样子。碰壁之后，他又想通过夫妻间的肢体接触去提升感情，但令他没想到的是，他的举动竟然引起了我的过激反应，我一把将他推开，大声告诉他，别碰我！看着我反感和抗拒的样子，他一下子愣住了，眼神中夹杂着难以置信、失落、伤心的情绪，随后，周先生便背对着我沉默地睡去。从那以后，家里少了很多欢声笑语，多了一丝让人窒息的安静。如果不是偶尔还能听到孩子的哭喊声，恐怕所有人都会以为这栋房子里没有人住。

那时的我特别怀念结婚前的爱情，可结了婚爱情似乎就消失了，而他所有的重心都放在工作上，还对我说："老婆，我做好事业都是为了你能过得更好。"当时的我觉得这是最虚伪的谎言，当我学习了之后，才知道其实他没有骗我，因为男人和女人本来就是不一样的，男人以事业为天下，女人以家为天下，女人即使做事业也是为了让家经营得更好，而男人经营好家却是为了让做事业无后顾之忧。但当时的我根本认知不到这一点，我就觉得是周先生的"忙碌"伤害了我，于是，在我有了孩子后，我的注意力迅速转移。白天我在家照顾孩子，周先生在外面工作，晚上周先生回到家里，而我几乎还是守在孩子身边，这完全剥夺了周先生与我单独相处的空间。这种"丧偶式"的无性婚姻彻底消耗了我们多年的感情，在沉默和不满的压抑中，我们的感情开始滑向了破灭的边缘，我甚至想过要结束这段婚姻。

但不管我和周先生的关系如何，我从来没有把我跟周先生之间让我感觉到的不舒服、不痛快传达给孩子，这是我觉得自己做得非常好的一点。至今为止，我未在孩子的面前说过一句爸爸的不是，我永远对孩子传达爸爸的好、爸爸的不容易。另一方面，我也从不会给双方父母传达我们关系的危机，给老人造成担忧。我的父母至今也不知道，我跟周先生曾发生过长达一年的矛盾，甚至不想过下去，我对家里长辈一直都是报喜不报忧，在我父母的印象里，女婿就是全世界最好的女婿，也是我最好的伴侣。这么做，看似是我一个人承担下了所有，其实，是因为我走在了正确的道上，我们的婚姻才没就此结束。

当我开始大量学习两性关系，同时有了更丰富的人生经历之后，我才明白无性婚姻到底是一件多么可怕的事，也让我知道自己当初的行为对周先生的伤害有多大，夫妻之间相处其实主要就是解决以下三个问题：

第一个是钱的问题，基本的物质保障是爱情的守护盾。很多人非常不喜欢把爱情和金钱关联在一起，认为这是对神圣爱情的玷污，但事实则是我们人生活在一个群体居住的社会，金钱作为社会财富的交换物，是任何人都回避不了的现实问题。如果你连给孩子买奶粉的钱都没有了，如果你因为没有钱一直居无定所，如果你的父母生病了却没钱看病……哪怕夫妻之间有再深厚的感情，依然会产生矛盾和冲突。钱虽然不是万能的，但是却能解决生活中绝大多数的烦恼。贫贱夫妻百事哀，没有面包的婚姻是很难长久的，不管男人还是女人，都必须拥有赚钱的能力。只有双方都实现经济上的独立才可能带来幸福稳定的婚姻关系，而学习财商就是学会彻底解决"金钱"的问题，只有财富自由，才能有更多的选择权和自由权！

第二个是沟通的问题。男女在面对感情、表达爱意的时候，沟通上会存在很大的差异。如果没有及时有效的情感交互，双方就会陷入不理解和猜疑的困境当中，这也是很多情侣最终分道扬镳的重要原因。因此我们必须提高婚姻中的沟通情商，用对方喜欢的方式和语言去沟通，知道对方想什么、要什么，以及知道如何经营对方的情感需求，这样婚姻关系才会更和谐。每一次的课程现场以及每次直播分享的时候，我都会提到最好的沟通就是永远站在对方的角度，用对方喜欢的方式和语言，在对的时空角里达到共赢的结果。这个"对方"其实不单指伴侣，更是指所有的关系。这个沟通秘诀不是为了要求对方学来对待自己的，而是自己学以致用，用来真修与人相处的。事实的真相也是谁学会了真运用，谁的人际关系就开始变得真好。

第三个就是性的问题。性爱在夫妻关系中才是最重要的问题，和谐的性爱能缓解人工作之后的疲劳，能化解夫妻间偶尔的不愉快，能让男女放下日常的掩饰，坦诚地待在一起。这种人类最原始的表达爱意的方式是维系婚姻的重要前提。夫妻关系中性生活越和谐，夫妻关系就越稳定。

《女性健康》杂志曾做过一次调研，数据显示 18~65 岁的人中，51% 的人认为性爱匮乏，39% 的人表示无性婚姻的时间持续长达 1~5 年。而这些长期没有性生活的人，不仅和伴侣的关系十分恶劣，就连自己的健康状况都比有正常性生活的人群要差。

在生完孩子之后，当时的我拒绝沟通，拒绝性生活，在我看来，这除了是想要让自己把精力放在孩子身上，也是在表达我认为他极度的忙碌对我造成的忽略。生完孩子之后的种种事，让我觉得"拒绝"是最好的"报复"。但在周先生看来，这种被拒绝的失落感极大地伤害了他的自尊，他开始怀疑自己的个人魅力。而男人最不能接受的就是来自伴侣的否定，他从手足无措到垂头丧气，仿佛一个做错事的孩子，我看着他的眼睛里失去了往日的光彩，而我还没有意识到，我已经快摧毁了自己男人的自信。

幸运的是，每当我的人生遇到问题时，总能绝处逢生地出现新的转机，在我阅读了大量的两性关系方面的书籍，去两性课程现场学习之后，我终于看清了自己的问题，也意识到性爱对于调节两性关系的重要性。所以，在生二宝的时候，我就有了经验，当孩子睡觉的时候我会静心地陪伴老公，我也会抽出时间和周先生聊聊床头话，保证我们高品质的夫妻生活。只要周先生回家，我们夫妻就会住在一起。

也许你看到的只是性爱的一面，但当一个女人懂得尊重自己男人的自信，那她的男人往往也会在事业方面获得十倍甚至百倍的提升。而提升一个男人自信最快的方式就是在性上认可他。为什么很多男人会出轨？因为他从妻子身上找不到这种自信。每天回到家里，等待他的是永无止境的指责、谩骂和贬低。原本在外面工作忙碌了一整天，回家想从妻子这里找到一点认可和安慰，结果在性爱的过程中，妻子表现出的冷漠让他一下子就失去了兴趣，最后在妻子的一句"你行不行啊？"中彻底失去了自信，从此出现了性功能障碍，继而影响事业发展，从此自卑、怯弱的情绪填满了这个男人的生活。而这个男人也再没有了信心和渴望去征服伤害自己"自尊"的妻子，也没有了动力想为妻子去多做点什么和多承担点什么。

性爱本身是一个需要身体状态和心理状态都做好准备才能尽情享受的事情，在男人身体疲惫的时候，有些女人还继续对他们进行心理打击，那当然只会造成不好的结果。当他有一天因为一些原因接触了外面的女人时，倘若那个女人给予了他充分的肯定，"你是我见过最厉害的男人！""你好棒！"这样的话语会极大地刺激男人的征服欲，让男人找回久违的自信，从而让他对外面的女人欲罢不能，那这样的婚姻，很难不出问题。

这个道理，曾经我一直没有明白，或者说把自己摆在弱势地位去满足男人的征服欲这种事情，在我眼里是非常不屑的一件事情。过去，我完全不认为这是我自己的问题，我心里想着，周先生从一个穷小子到今天，没有我，他不可能有今天这样的成就。为什么在感情出现了问题的时候却要我反思？如果真要离婚那就离婚！正当我执迷不悟的时候，有位老师说，女人活在这个世界上，有一个最重要的轨道，叫作孕育。这句话顿时点醒了我，我为什么要这么强势呢？我为什么要和自己老公去比个高低呢？如果一个女人只在幕后就能将自己的老公和儿子孕育为成功的人，那她岂不是更伟大吗？如果一个女人能够把老公孕育成"被动收入"，而不只是靠自己辛苦地打拼事业，那岂不是更好吗？

我突然明白，再有能力的女人，如果想自己的婚姻走向幸福，示弱是必须要掌握的能力。示弱不是真软弱，而是柔弱中又带有一丝力量之美。就拿性爱这件事来说，男人更注重力量、效率、成就，在与女人身体接触的过程中，男人越是得到女人的夸奖，就越会带着征服欲释放对女人的爱，男女也更会在彼此愉悦的性爱交融之间获得满足感。女人表现得对男人越欣赏、肯定和崇拜，他们就会对这个女人越依赖。如果在这个过程中，女人表现得非常冷淡，或者直接拒绝与男人发生性关系，那传递给男人的就是一种十分强烈的否定和不认可，这也会直接动摇男人的信心，也会让两人的感情从根上摇摇欲坠。

一个优秀的演员总是能恰到好处地进入自己的角色，就像周润发演孔子、甄子丹演叶问一样。在他们的演绎中，他们已经完全忘却了自我，全身心地投入角色里，去出演那个角色本身，所以他们才能为观众奉献出一场又一场的精彩演出。

性爱也是一样的道理，也许你在生活中是一位女高管或者女企业家，几百上千人听你的号令，但当你和老公躺在床上的时候，你唯一应该进入的角色就是你老公最渴望征服的女人。如何扮演好这个角色，让你们在性爱过程中得到双向的满足？这是每一位女性都应该学习的功课。

当然，性爱不仅是女人的事情，男人也要准确地掌握妻子的需求。在性爱的过程中男人重视力量、效率、成就，所以他们往往期待以最快的速度获得欲望的满足，所以男人的释放会非常迅速。但是女人不一样，相比起肉体的刺激，女人更重视性爱过程中的沟通、互动、感受和共鸣，男人的情话和抚摸更能刺激女人雌性激素的分泌。如果懂得了这个道理，在性爱之前，做了足够多的铺垫，女人才有可能获得真正的满足。而了解到男女性爱上的差异，才能更清晰地知道如何在性爱过程中更好地达到共同的愉悦。

自从我明白了女人示弱的重要性之后，我不再指责、教导、批判伴侣，我开始在各种场合认可、夸奖、鼓励他。在周先生面前我不再展示我的"能"，而是更多流露出我的"不能"，引导他来帮助我，让他感受到我需要他。自从我做出了这些改变，我发现我们的夫妻关系很快从破裂的边缘迅速回暖，我们仿佛又找回了初恋的感觉。

大多数女人的性格比较保守腼腆，在性爱方面都会避而不谈，也不愿意主动沟通，日积月累之后就会滋生出大量的情感危机。如果你的夫妻关系正在面临问题，不妨找个机会和另一半来一次愉快的性爱体验，也许会给你们带来全新的改变。在这里有必要告诉大家一个男女的性爱真相：男人因性而爱，女人因爱而性。男人越和一个女人发生性爱，就会越爱这个女人。而女人则恰好相反，女人是因为越爱一个男人，才更愿意与这个男人发生性爱。搞清本质，性爱就能变得更幸福和谐。

/02
钱是情感的守护盾

牛郎织女跨越银河的相见，梁山伯与祝英台化蝶后的翩翩起舞，这种纯洁神圣的爱情是无数人心中的向往。在真正的爱情中，仿佛一提到金钱就是对纯洁爱情的亵渎。但实际上，完全建立在爱情之上的婚姻，不过是一种海市蜃楼的幻景。因为爱情不过是荷尔蒙分泌之后产生的一种生理反应，有狂热如火的时候，就必然会有激情褪去的那一天。一旦一切回归平静，生活中的柴米油盐就成了我们必须要面对的问题。

我和周先生虽然很少因为金钱发生争执，但在很早以前，我就意识到了经济独立对一个女性的重要性。结婚早期，周先生的母亲搬过来与我们一起生活，看着自己的儿子每天早出晚归地工作，媳妇却每天待在家里，我婆婆的内心难免会有些不舒服。虽然她一声不吭细心打理着家务，但从她对我的态度里，我感受到了她内心的不平衡。为了打消她的顾虑，我们进行了一次深入的沟通，当她得知我待在家里赚的钱比周先生还多的时候，一切的担忧就全都释怀了。

当年，我第一次去周先生家里时，我之所以能很快就被周家人所接纳，有一个很重要的原因，就是当时我每个月收入有两三万元，我给周先生的家人都买了礼物，还给家里置办了电器，我的举动让周家人一致认为，我肯定会是一个好媳妇。所以，虽然我不太同意金钱决定婚姻的一切质量这种观念，但我还是要提醒所有人，实现经济独立真的非常有必要。

经济独立的女性会有更充足的安全感。你想象一下，当你买一件衣服、一支口红都要向男人伸手要钱的时候，你就已经把自己最基本的生活需求都寄托给了男人。你的丈夫成了你唯一的收入来源，这时候的你就如同一个即将落水紧紧抓着绳索的人一样，内心极度不安，完全不敢松手。一旦你的丈夫回复消息慢了一点，回家晚了一点，敏感的你都会产生强烈的不安。为了稳固自己的内心，你只能选择更加用力地抓紧绳索，不断地对丈夫提出各种要求，比如必须1分钟内回复消息，不得晚于十点回家等苛刻的条件。刚开始，你的丈夫出于爱你还能做到，可一旦时间久了，难免会有疲惫懈怠的那一天，当有一天他没能做到的时候，你的情绪就会突然爆发，从而消耗你们的感情。女性实现经济独立并非要证明自己能赚多少钱，而是能从内心深处带给女性一种充实的安全感，这种安全感无法由外人提供，只能通过经济独立来实现。

除了在物质上要做到经济独立，在精神上的独立也非常重要。我们一定要深信夫妻团队是世界上最棒的团队，相互扶持，彼此鼓励，走向共同创造。俗话说得好："夫妻同心，其利断金。"

孕育和经营家族是一个女人最重要的轨道，并不代表女人啥也不做，就只围着老公转，事实的真相是，一个职场太太确实会比一个家庭主妇更有魅力。曾经无数次听到过一句非常扎心却又充满真理的婚姻名言：职场女性的眼泪比家庭主妇的眼泪更值钱。当我们与社会脱节之后，当我们每天最重要的工作就是等待老公回家和照顾孩子的时候，我们对自己的社会价值感和自我认同感也会越来越低，我们就会变成牺牲式付出的交换者。我们的每一分付出后面都会有一个想得到老公更大认可和宠爱的期待。著名心理学家弗洛伊德就曾说过，现代社会给人们以极大的自由，但与此同时，由于自由的增大，使得现代人与社会、与他人的联系日益减少，这就导致现代的人们更容易产生孤独和不安。

安全感很难从身边亲近的人身上直接获取，只能自己争取。一旦实现了经济独立，你获得的不仅是物质上的满足，还有精神层面的丰盛，你可以坦然地面对家庭和事业中的波澜，用最好的心态面对生活，同时也能淡然地做好最坏的打算。一旦你能达到如此心境，就会明白，并不需要刻意地去追求和掌控爱情，只需要勇敢地活出爱，就能收获真正的幸福。

经济独立带给女性的还有更为宝贵的尊重。受传统思想的影响，很多人总是喜欢把女性视为男性的附属品。社会用来评价一个女性的人生价值总是离不开相夫教子，可一旦女性长期向丈夫索取，那么，她就非常容易陷入婚姻中的低姿态而无法得到丈夫及婆家真正的尊重。

夫妻团队是世界上最棒的团队，在婚姻里，我除了是周先生的爱情伴侣，同时也是他的事业搭档，我们在精神和物质方面都达到了很好的平衡，我不仅自己实现了经济独立甚至还能支持周先生。在和周先生还只是男女朋友关系的时候，我每个月会拿出自己的钱给周先生的爸妈当生活费；我们结婚的时候，我也自己倒贴了彩礼钱。除此之外，当初周先生四处求学上遍了国内外的成长课程，其学费开支有很大一部分就是我在主动给予支持。

在我们的婚姻里，除了爱情之外，周先生还对我怀有深深的敬重之心，大事小事他都会认真地征求我的意见，带着尊重和平等的心与我进行有效沟通。如果我没能实现经济独立，待在家里只做一个怨天尤人、伸手要钱的家庭主妇，周先生还会给予我这种尊重吗？如果我是一个掌心向上、没有自我价值感的人，周先生一开始都不会考虑我成为他的伴侣，因为在周先生的择偶标准里面，他找女朋友和老婆的标准是按照他的老师罗伯特·清崎太太的标准来作为参考的，他渴望找一个像他的师母"金"一样的独立女性，一个有钱、独立、智慧的女人。

女人实现有钱的生活到底有多重要，当你有一天能在丈夫事业低谷的时候拿出一笔钱帮他应急时，当你有一天可以用自己赚的钱为父母购买保险时，当你有一天能用自己赚的钱活成最理想的自己时，你就会感受到一种前所未有的满足和幸福，这是任何人都不可能给予你的。我常常在课程现场说：经济独立、精神独立是婚姻关系里的幸福人生标配。很多人简单地理解为有钱就能幸福，其实背后的真相远远不止如此。

在我和周先生关系闹得最僵，甚至快要离婚的时候，周先生给我说："老婆，你去上一下'两性关系'之类的课程吧！"他还主动给我报名了很多两性关系的课程，而我也选择听从他的建议去上了这些课程，当上完了他给我报的课程后，我也拿出自己的钱去报了其他的课程学习。不管是买书学习，还是上课时的报名费、路费，这些都需要足够的金钱投入，如果我没有这个物质条件，我的内在可能不会得到如此快速的成长，我也可能永远都不会明白自己到底错在哪里，自然也就谈不上如何才能挽救我们的婚姻。

实现经济独立才能给孩子提供更美好的成长环境，带着他建立良好的世界观和人生观。现在，我无须依赖任何人就能给我的孩子请最好的老师，让他学习自己最感兴趣的事物；我无须依赖任何人，就能带着孩子飞往世界各地，让他在看世界的过程中开阔自己的视野，建立自己的人生认知。更重要的是，我做到这所有的一切，不用向任何人索取，因为在我的财富观念里，我的人生拥有充分的自由。

当我实现经济独立的时候，我可以无所顾忌地照顾自己的家族。不管是远方的二舅还是小时候照顾过我的亲人，我都能给予他们物质和精神上的援助。一方面是表达自己的孝心，另一方面也是带着整个家族成长，让家族拥有一种向上的力量。更重要的是，我不用担心如此照顾娘家会引起丈夫的不满，因为我对自己的财富拥有充分的支配权。

很多人总是对金钱不屑一顾，认为把金钱和爱情摆在一起是一种彻头彻尾的庸俗。直到有一天，婚前彩礼纠纷、疾病、天灾人祸、家人困难、抚养孩子、追求梦想、公司破产、离婚财产切割等，这些现实的问题摆在面前才后悔莫及。

婚姻这件事其实很简单，最主要就是要解决好三件事情：性、钱、沟通。而金钱问题，我一直认为是婚姻的重要基础。两个人搭伙过日子，会遇到各种各样的事情，如果没有基础的物质条件作为支撑，婚姻的链条很容易就会断裂。

我一再强调金钱的重要性，并不是让大家成为一个拜金的人，也不是让大家成为金钱的奴隶，而是为了告诉大家一个很现实的道理：婚姻必须是双方对等的，而不是单方被要求的。不管是男人还是女人，经济独立是标配，只有经济上的平等，才能带来其他各方面的平等。

实现经济独立的最大意义是能让你在婚姻中始终保有真实成长的自己。只有当你真正成为你自己的时候，你才不会因为伴侣对待你的方式发生转变，而陷入受害者的角色里。你更不会因为丈夫的一句话就伤心欲绝，也不会因为一次现实危机就充满恐惧。

"我养你"是这个世界上最毒的情话，很多女人为了这句话放弃了工作，放弃了自我，为了"逃避"自己的奋斗而步入了婚姻的殿堂，错误地把男人当成了终身的依靠，其实，婚姻是一个男人和女人长久一生的经历。在人生的长河里，谁能保证这艘船永远不翻呢？只有经济独立的你才能以最平和的心态面对你的婚姻。女人可以靠男人，但一定不能只靠男人，千万不要为了男人而失去独立的自我。只有达到了如此心境，我们才能真正学会如何处理夫妻关系，也才能够真正明白如何经营好亲子关系，从而找到自己内在的精神力量，走向身心灵的合一。

记住这句话：经济独立不是目的，经济独立更不是婚姻奋斗的终点，经济独立只是开始，是你遇见更独立、有担当、有无限可能的自己的一个开始。

/03
沟通是情感的保鲜剂

如果说性是婚姻关系的道，钱是婚姻关系的术，那么沟通则是婚姻关系的法。很多向我求助的朋友们，她们的婚姻出现问题，最显著的标志就是沟通不畅，另一半不愿意沟通、无效沟通、错误的沟通方式等，这些都是感情破裂的前奏。如果你不能及时意识到这个问题，继续放任其发展，等到有一天你们陷入沉默无言冷暴力的状态，那你们的婚姻很快就会发展到岌岌可危的地步。

曾经很火的电视剧《四重奏》中就有这样一段剧情，女主无意中听到了丈夫和同事在餐馆里的对话，平时一向温和的丈夫说起对她的感情，竟然直言不讳地表示——虽然爱她，但不喜欢她。

她的世界瞬间崩塌了，她愣在原地，又听到了另一个真相：原来丈夫很讨厌吃炸鸡时挤柠檬汁。这又一次颠覆了她的认知，因为自己每次做了炸鸡，都会挤柠檬汁，而丈夫每次都吃得有滋有味，有那么一瞬间，她甚至感觉有点恍惚，仿佛自己从未真正了解身边的这个人。这就是最典型的沟通出了问题，丈夫不喜欢吃炸鸡时挤柠檬汁，不喜欢妻子把他送的诗集当锅垫，不喜欢在聊天时被妻子忽视，也不喜欢去很远的地方买咖啡，但是他从未坦诚地和妻子说出过自己真实的想法，他把一切都闷在心里，直到有一天到达了自己的忍耐阈值，忍无可忍之下就只能绝望地离家出走。

这种案例还有很多很多，这样的剧情每一天都在世界各地的家庭中反复上演。他们要么在沉默中消磨爱意，要么在争吵中撕裂感情，最后两个浑身是伤的人只能无奈地接受一个悲惨的结局。所以，想要建立亲密的夫妻关系，拥有长久幸福和谐的婚姻生活，就需要懂得如何与爱人有效地沟通。

曾经，我跟周先生无论因为什么吵架，他都一定要先过来给我道歉，如果他不道歉，不管他说什么，我都拒绝与他沟通。我记得自己做得最出格的是我去到另一个房间把他关在外面，无论他怎么道歉都没用，直到我觉得折磨他的那个程度已经到了，我才原谅了他。

有一天，周先生突然跟我说："老婆，你知道吗？这么多年和你在一起，虽然你很多东西会支持我，但是你真的有那么一点强势，不管我俩谁对谁错，永远都是我的错。如果只是在热恋期的时候，我错了跟你道歉，其实是没有最后一根稻草的说法的，但是如果以后的生活永远都是我的错，都是要我跟你道歉，有时你还不原谅，并且我也不知道自己错在哪里的时候，不管我多爱你，我都会很崩溃。所以，即使我错了，也麻烦你让我知道我错在哪里，如果你不说，就让我自己一个人在那里猜，我又猜不到的时候，对我们两个人都会造成伤害。"听了他的这一番话后，我开始反思并有意识地改变自己。

在感情生活中，女人经常会有一些小情绪，不说出来以为男人会懂，前文说过男人和女人是两个完全不同的物种，他是真的不懂。他不懂你上一秒原本高高兴兴的，但下一秒就忽然不高兴了。当他不懂你到底喜欢什么的时候，只能试探性地询问。

如果他的某些语言或行为让你不高兴了，或者你有什么是希望他做到的，你就大方地说出来，因为有时候直接沟通会比间接暗示让他领会更好。但直接沟通也要讲究方式方法，而不是非常直白地表达出自己的所有想说的话。

在此，我想重申每一场分享中我都会反复强调的："永远站在对方的角度，用对方喜欢的方式和语言，在对的时空角里面去达到共赢的结果。"这是一种通过后天学习让每一个人都可以获得的能力。如果周先生的这番话是在我们两个吵架最激烈的时候说出来的，我肯定不会觉得自己需要改变。所以在沟通的时候，我们说了什么其实并不是太重要，让对方听到了什么、感受到了什么才重要，而这就需要我们发自内心地从对方的角度思考问题，用对方喜欢的方式和语言，但绝对不是以牺牲自我为目的，而是在恰当的时间和地点去达到双方都满意的结果。其实好的夫妻关系都是聊出来的，幸福的婚姻生活也是沟通出来的。

记得有一次，我和周先生在探讨企业经营管理的问题，我在坚持自己的原则、不赞成周先生做法的时候，他突然生气并发火了。当时的我并没有与他争执到底，而是在第二天委屈地对他说："亲爱的，你知道吗？我比所有的股东都委屈，因为他们只是你的合作搭档，你是他们的老大，即使他们反对你，伤害的也只是工作上的意见分歧这一件事。但是我不一样，除了是你的事业合作搭档外，还有另外一层身份是你的老婆。我记得在我没有讲两性关系课之前，你给我说过一句话，你说你特别没有成就感的一件事，就是我作为你的太太辅佐你的事业，你觉得我非常合格，但是当我当着所有人的面，直接指出你这样不对、你应该那样做，用直白的方式对你实施改造的时候，我忽略了我不仅是你的合作搭档，我还是你的太太，虽然你知道有时候公和私是要分开的，但是你的内在还是会很难受。所以我开始学会好好和你说话，尽我所能地去改造、提升我自己，把我尖利得像刀子一样的嘴慢慢地修炼成柔软得像棉花糖一样，而你昨天说的那些话，我的感受就跟你那时的感受一模一样。"说完这句话，我的眼泪瞬间掉落了下来。

过后，周先生也意识到他当时对我的确是凶了一点，而且他仔细思考后发现我坚持的原则也是有利于公司长久发展的。到了晚上睡觉的时候，他主动拥抱了我，并向我示好。试想一下，如果我事后没有与周先生沟通，没有向他表达到我内心的真实感受，那么他可能会觉得我不认可他，而我也会觉得自己很委屈，最后实际问题不仅没能得到解决，还会让我们的感情因此出现裂痕。

在婚姻中，有很多人最常犯的错误不是提出建议，而是反馈意见，不是先认可伴侣，而是直接干涉，并拿出一副"我来教你"的模样，同时自我感动式地认为我都是为你好，美其名曰还觉得因为你是我的爱人，我才这么上心。其实在一个家庭里，事情的对错很多时候并不重要，重要的是用什么样的沟通方式，才能让对方接纳你给出的建议并做出改变。如果你不明白这个道理，再多的沟通都只会是无效沟通，甚至会让两个人的感情越来越淡薄。

我和周先生并不是一开始就知道夫妻之间相处应该如何进行良性的沟通。在我们最初相处的那段时间里，我往往会直接说出我的看法，告诉他该买什么样的东西，该和哪些人合作。尽管事实也的确证明我是对的，但我的操控和干涉扑灭了周先生的热情，让他开始质疑自己的能力和价值，他变得十分沮丧并且失去自信，还对我逐渐回避和远离。那时我没有意识到，我直白的沟通方式让他很受伤害。

除了我的沟通方式存在问题，周先生一开始也并不懂得男女之间的差异，当我遇到问题向他表达感受时，他都会立马给出一个解决方案。但实际上我只是在向他传递我的情绪，他只需要认真倾听并在感情上与我共鸣就足够了。所以，每当他摆出一副我要帮你解决问题的姿态时，我的内心都会产生深深的失落感，我无奈地叹了一口气，不去理他，躲进了自己的情绪世界里，留下他一个人百思不得其解。

直到后来，我走进了两性幸福的课堂，受到我的影响，他也开始慢慢掌握了夫妻之间沟通的智慧。他出差的时候，我经常会给他打电话滔滔不绝地去说一些事情，一边是紧急的工作安排，另一边是伴侣的倾诉，如何取舍确实不太容易。但周先生很有智慧，他会告诉我："老婆，我现在正在谈点事，我知道你受委屈了，这样，你把这件事认真地和我讲一下，语音发给我好不好？"这样既安抚了我的情绪，也没有耽搁工作。

等我发完几十条长语音给他，忙碌的他经常也没时间一句句听完，但是他会非常聪明地回复我："老婆，我觉得你说的是对的，我肯定站在你这一边！"就这么一瞬间，我感受到了他的共情，我们的沟通也达到理想的效果，至于我具体说了什么事情，等到他真正有空的时候会再和我一起讨论。

很多人抱怨自己的老婆事情多太麻烦，影响自己专心做事业，但其实女人在乎的并不是你能帮她解决某件事情，也许当她把事情向你倾诉的时候，事情可能就已经解决了，她的心情也就顺畅了。她只是需要一个沟通倾诉的通道，如果你直接打断她的倾诉，想要直接帮她解决问题，那么你们的感情关系很可能会逐渐疏离。在夫妻之间的相处之道里，有一句非常重要的话：懂比爱更重要！

在婚姻生活中，掌握正确的沟通方式，是爱情保鲜的灵丹妙药，也是家庭和谐幸福的核心，因此，学会非暴力沟通、爱的沟通、理解并尊重的沟通，这是每个人都需要修炼的人生课题。

第七篇

| WISDOM |

学做智慧的女人

/01
不做不幸福的女人

很多人都不愿意直面真实的自己，总喜欢把自己人生中所有的不幸都归因于外人，却很少审视自己的内心。二十六岁那年的某一天，我一个人安静地待在房间里，去触摸自己最真实的内心。当把那些痛苦的、快乐的人生经历全都在脑海里上演一遍后，我才找到了自己婚姻关系紧张的原因。

曾经的我并不像今天这样无我利他，充满奉献精神。在我和周先生关系最紧张的那段时间，我每天都在思考一个问题：周先生当初只是一个一无所有的穷小子，而我却是一个既漂亮又会赚钱的女孩子，明明是他先主动追求了我，他竟然不懂得感恩。带着这种不平衡的心态，我和周先生矛盾丛生，他工作忙碌，早出晚归，我就猜想他外面是不是有人，所以才不再像以前那样宠爱我。这种无端的猜测毫无道理，任何一个男人都做不到一辈子都像热恋期那样对待另一半，因为爱情就像潮水，有潮水高涨的时候，就必然会有潮水退去的那一天，这是自然规律。我们的世界里需要面对的不只是诗情画意，更多的是柴米油盐的琐碎生活以及忙碌无边的事业，还有让人停不下脚步的不同理想，这些都会分散精力，让我们看起来不再那么爱对方，但其实什么都没有变。

一开始我无法想清楚这个道理，直到我审视了自己的内心，才找到自己陷入计较的根源在哪里。

小时候家里特别穷，我从小就学会了精打细算，如何把一分钱花出两分钱的价值，是我每天都在琢磨的事情。记得有一天我对妈妈抱怨道："为什么我们家的饭没有别人家的好吃？"妈妈沉默了许久，然后抬起头看着我说："你知道为什么邻居家的饭菜更好吃吗？"我摇了摇头一言不发，妈妈继续说："你没发现我们家里的菜没有油吗？"我无法理解，为什么妈妈这么抠门，直到我长大了一些才明白，原来我们家一直都是借钱度日，母亲拿着爸爸少得可怜的收入，尽她最大的努力为我们提供她能力范围内的最好生活。

以前我一直以为算计是节约，是一种美德，但后来我才明白，算计本质上其实是一种匮乏。由于从小过着穷困的生活，花的每一笔钱都要精打细算，所以长大后的我总认为自己不配拥有更好的生活，看到装修好一点的店铺，我都不敢进去。看到优秀的人也不敢靠近，这种内在的匮乏感，让我从内心深处觉得自己不配拥有美好的婚姻，所以我才会不断地要求和索取，妄图通过算计来弥补自己情感意识上的缺失。

想清楚了这一点，我意识到自己必须做出改变，我要摆脱算计的思维习惯，打破匮乏的限制，我告诉自己：人生当中，我值得拥有全世界最好的东西。

我的思想开始醒悟，我的生活也开始发生了翻天覆地的改变。我突然发现，当我不再算计的时候，财富会源源不断地向我涌来，爱情久违的甜蜜也会重新将我包裹。这让我想到了一句话：如果有一天，你只是去爱，而不是去追求爱的结果，那才是你人生真正成长的开始。但遗憾的是，世上大多数人目的性太强，他们都在算计着人生的每一个细节得失，却往往得不到自己想要的结果。

除了算计，阻碍我们收获幸福的第二个因素就是抱怨。抱怨的人，很难找到真正爱自己的伴侣，即使找到了，也会因为你的抱怨，把那个真心爱你的人越推越远。

周先生在他的课程里经常说的一句话：抱怨是三维空间最大的负能量。很多人总喜欢把另一半当成宣泄情绪的垃圾桶，发牢骚、抱怨、喋喋不休、倒苦水，完全不顾及另一半的真实感受。当你不停抱怨、浑身戾气的时候，实际上就是在不断地对外释放负能量，你把自己的负面情绪传达给了身边最亲近的人。刚开始身边的人还会用他的爱和包容来温暖你，可如果你长时间抱怨，身边的人也可能会被你带进负面情绪的旋涡中。抱怨所产生的负面情绪就像一个可以吞噬一切的黑洞，吸走了身边所有的爱与温暖，最后留给家庭的就是无穷无尽的黑暗和寒冷。抱怨是一剂毒药，如果你不戒掉它，它就会勾起你体内所有的坏情绪，给你的心灵和身体带来双重摧残。

很多女人在丈夫没钱的时候，会抱怨他不上进、赚不到钱，而在丈夫赚到钱了以后，又会抱怨他有钱了没时间陪伴自己。我没有经历过第一个阶段，因为我本身就很会赚钱，在我的认知里，我认为老公赚到的钱就是我额外多得的，有的话我会很开心，即使没有对于我而言也没什么影响。但是我却没能躲过第二个阶段，在生完大宝后，我第一次感觉自己的人生跌到了低谷。

当时周先生每天都在外拼搏事业，根本无暇照顾刚生完孩子的我，两个人空闲时间的错位，再加上婚后他并没有像恋爱时期那样时时照顾我的感受和情绪，我很快就陷入受害者的角色而不自知，我总觉得他婚前对我的百依百顺似乎是一种假象，这让我产生了很强烈的负面情绪和抱怨。我总想让他回到结婚之前的样子，所以我每天都喋喋不休地抱怨着一些小事，从他回消息太慢，到没有照顾到我的情绪。任何一件小事，都能成为我情绪爆发的入口。

周先生在看书或在追自己喜欢的剧时常进入无我状态，我跟他说话，他没有立刻回复，我会抱怨他不够爱我；他在外忙于工作的时候，我会经常打电话向他抱怨，他没时间陪我；他辅导学生我会抱怨他对学生太好，就是对我不够好。周先生刚开始还愿意耐心听我倾诉，安抚我的情绪，但后来随着我的抱怨越来越频繁，他开始沉默甚至逃避。看着他态度的转变，我更加生气，于是变本加厉地抱怨，直到将我们的亲密关系逼到了破裂的边缘。

你可以仔细观察一下自己的身边，如果一个家庭里有一个每天都在抱怨的"怨妇"或"怨夫"，这样的家庭很难幸福。因为面对一个无理取闹的伴侣，你做什么都是错。这样的家族也很难拥有团结向上的力量。越抱怨，人生越负能量；越抱怨，家里的气氛越糟糕。

当我察觉到抱怨已经消磨了我和周先生之间亲密的情感后，我决定寻找解决的办法。我通过学习认识到自己的错误之后，我停止了没完没了的抱怨，每当那些抱怨的话要脱口而出时，我从心里就告诉自己马上闭嘴。我开始把自己的精力转移到生活中更加美好的事情上。我开始读身心灵成长的书，关注外部社会商业的发展动态，有时也会给先生提一些有效的建议。在孩子出生四个多月后，我又重新回到职场，全身心地投入自己的事业。

这次回归，作为周先生事业上的搭档和辅助者，给了我更多成长的空间和挑战。虽然我以前有过自己差点创业失败的经历，那时周先生对我有过帮助和扶持，但是朝夕相处地经营同一家公司却让我们开始了更大的磨合。周先生比较温和，充满了爱与慈悲，俨然是一个像慈父一样的大家长，而我却刚好相反，我严厉高效，尤其是在带领团队成长和奋斗上。

这段时间，我犯了一个比怀孕生孩子之后更大的夫妻相处大忌：在经营企业的过程当中，因为性格、思维、认知、意见等方面的不同，我总是会直言不讳地表达自己所谓的"正确"观点。如果周先生提出了和我不统一的看法，我也丝毫没有考虑男人面子上的问题，俨然一副盛气凌人的架势直指核心进行表达和批判。我没有考虑夫妻关系，更没有处理关系，更忘记了我还有着他伴侣的身份。

我们最大的矛盾爆发和彼此的"伤害"就出现在我协助他经营新思想公司那段时间。创业初期，我们每天上班会产生争执，下班回家又开始继续内耗。而这些矛盾的转变来自周先生和我一次语重心长的谈话："老婆，你知道吗？我很爱你，这份爱并没有因为彼此的不和谐而减退，反而我想尽自己最大的努力给你幸福，但是我发现不懂经营的我们，不懂沟通的我们，遇到了在婚姻关系里前所未有的最大挑战。老婆你知道吗？我想念你曾经夸我、肯定我、支持我、鼓励我、欣赏我的时候，哪怕那时候的我一无所有，但是我感觉自己拥有全世界最好的女人。但现在你很少认可我，得不到你的认可，我在你面前没有力量，只有对抗。"

周先生继续说："我感觉现在很难过，在传播财商的这条路上，你认可这份事业，但你却没有让我感受到在企业经营里面尊重我。越来越多的学生因为我们而改变命运，多少学生认可我们、相信我们，但是我却感受不到你对我的认可。"

周先生真诚平静地与我交流，表达他内心真实的感受。在那一刻我突然意识到，原来只想着如何辅助他把企业经营得更好，却忽略了经营中美好的过程远比结果更重要。我才发现在企业里面，我是他的合作搭档，却忘记了我也应该是他的好伴侣。

周先生紧紧握着我的手说："老婆，我们夫妻一起学习好不好？我们一起共同成长好不好？我们遇到问题相互支持一起解决困难好不好？我们还要一起幸福地生活和工作好不好？"

周先生讲完这些话，我们彼此都泪流满面，抱头痛哭。我很庆幸，周先生没有放弃我，否则不懂经营、没有学习、不知道正确沟通的我们，差一点就分道扬镳了。那天我开始下定决心：一定要通过学习成长精进，重获幸福家庭、幸福关系。我要做好周先生的好妻子，孩子的好妈妈。

在这些事情发生以后，我开始进入两性关系的学习，上课、看书、成长、学以致用成了我最大的功课。在我真正改变之后，我发现企业经营也变得更加容易。也是在我学习之后，我们企业新增一个赋能学生的课程：幸福之道。我开始把我的所学所悟所用去传承给更多的人，帮助我们的学员也能像我们一样，真正去解决家庭矛盾以及婚姻关系的冲突，开始进入幸福的空间。

忙碌起来后，我的情感世界反而变得更加单纯了，看着拖着疲惫的身体回到家里的周先生，我少了抱怨和指责，多了理解和关心。我十分珍惜和他相处的宝贵时间，他说的话我认真聆听，我的烦恼他也给我慰藉，我们的感情也正在朝着更好的方向发展。

如果你是一个爱算计和抱怨的人，那还有一个习惯可能伴随着你，那就是控制，这三个特质往往是相伴而生的。

我们每个人原本都是独立的个体，各自生活在自己的小世界里，直到有一天，爱情来临，有一个人拼命地想挤进你的世界，两个孤独的个体碰撞了，想要逐渐融合成一个全新的个体。但这个时候，很多感情往往都会遇到问题，因为再亲密的关系本质上还是两个独立的个体。当你不断靠近的时候，其实也就是在不断侵占对方的私人空间。查手机、打电话查岗、要求对方发行程轨迹，这些看起来所谓的关心反而会让另一半感到窒息。出于本能的自我保护，对方会下意识地抗拒你的侵入。有智慧的人可能会和你进行深入的沟通，寄希望于得到你的理解。缺乏经验的人，也许会不断地逃避，你靠近一步，他退后一步，这样就会加剧你的不安全感，更加激发你的控制欲。最后，在这种恶性循环之下，两个人都觉得无法相处下去，最终分崩离析。

对方吃饭、工作、洗澡，一个小时没回消息，都会引来猜疑。对方手机没电了关机，也可能会被认为是外面有人。这种控制带来的不信任和猜疑，最终会像定时炸弹一般将你们的爱情炸得灰飞烟灭。

周先生事业刚刚有起色的那段时间异常忙碌，一年365天他有360天都在外地巡回演讲。第一年，我全年陪伴周先生出差，做照顾辅助工作，但我很快发现，因为常年出差导致公司内部团队疏于管理，公司经营也遇到了一些问题，对于在家庭关系里孩子在最需要陪伴的年龄，我却连和孩子见面的次数都非常有限。而在事业上，周先生永远都有排不完的工作。思考良久，我决定放下出差对周先生的陪伴，将时间和重心放在公司管理和市场经营等方面，不用出差的我，也有了即使早出晚归，但却能回到家陪伴孩子的时间。

后来，周先生越来越有知名度，出差的次数也就越来越频繁。当我早上醒来的时候，他正在飞机上；当我中午吃饭的时候，他正在车上休息；当我晚上睡觉的时候，他还在讲台上演讲。这种未知感让我对婚姻陷入了一种无法操控的紧张和恐惧中。我突然觉得这个陪我成长的伴侣，可能快要离我而去了。为了获得安全感，为了安抚自己不平静的内心，我频繁地给他发消息，并要求他立刻回复。周先生每天演讲完声音沙哑着回到酒店，还要安抚我焦虑的情绪。我每天守着手机，内心焦急地苦苦等待，两人在这种相处模式下都身心疲惫，一度升起了婚姻是累赘的想法。

我内心还有一个声音：我是为了周先生的梦想在奋斗，我是为了周先生的使命在坚持！本以为这种牺牲式的付出能换来周先生更多的宠爱和关心，但是周先生的重心好像一直在帮助更多人认识财商以及获得智慧这件事情上。我形容周先生的工作：不是在传播财商，就是在传播财商的路上……我的内心充满了不确定性的恐惧，产生的一种最深刻的认知：我的伴侣并不属于我，他属于他的事业，他属于他的学员，他属于全世界需要财商和想拥有更多智慧的人！

无数复杂的心情重叠在一起，我开始思考，我的安全感到底来自哪里？我开始大量地学习、看书、听课，直到有一天，我终于找到了答案，我与自己的内心达成了和解。原来真正的安全感都是自己给予自己的，任何把自己的安全感寄托给外界的行为都是不可持续的。周先生或许会因为爱我，短暂地妥协，强迫自己适应我的情绪需求，但这种状态不可持续，终有一天他还是会做回自己。如果我不能调整好自己的心态，而是一味地控制他的生活，最终的结局一定不会好。婚姻里最可怕的一件事，就是打着爱的名义做着控制对方的事。总希望另一半能够按照自己喜欢的方式去改变，认为只有这样才能做到对双方更好，可这个世界的真相是：如果你自己不改变，即使另一半变好了，你也依然感受不到幸福。

学习之后，我找到了比控制更好的两个字，那就是相信。我相信自己是周先生最需要的女人，我相信他爱的人是我，我相信自己存在的价值，我相信我是他最佳的选择，我相信我能给予自己最美好的人生，我相信我们是彼此的灵魂伴侣……当我有了这样的心态，从自己的内在去真正认同改变，而不是用控制的方式逼迫周先生改变的时候，我们的婚姻又迅速回到了最初的甜蜜。

在这里我想给所有人一个发自内心的忠告：如果你想在婚姻里幸福，那就不要成为一个算计、抱怨、控制的人。要学会用理解和包容去对待另一半，学会用相信和爱去经营感情，才有可能接近真正的幸福。记住：懂爱才是爱，不懂爱就是伤害！

/02

成为另一半的强大后盾

有句老话叫"家和万事兴"，以前的我难以理解其中的深意，直到我和周先生组建了自己的家庭，有了我们爱的结晶，我才逐渐理解这句话背后的含义。

在怀上大宝的那一年，我每天抚摸着自己渐渐隆起的肚子，幻想着与肚中的宝贝心心相印，一股股浓郁的爱意不停地涌上我的心头，一想起这个还未出生却与我血脉相连的小生命，我的心都要融化了。我想让他健康平安，我想让他开心快乐，我想把自己拥有的一切美好的东西都赠予他，这种无条件的爱让我思索，什么才是真正的爱？

索取、交换、期待回报……这是纯粹的爱吗？不是，因为这些爱都或多或少附加了条件，可世上有一种爱，它是毫无保留、毫无条件的，那就是母爱。

为什么人们常说世界上最伟大的爱是母爱呢？因为母爱是一种超越了富贵贫穷，不求回报，不问结果的至纯、至诚之爱。也许，你的伴侣会因为你的长相、收入、能力、性格或种种原因而抛弃你，但你的母亲绝不会因为你长相丑陋、不会赚钱、能力平庸而放弃你，母爱是一种本能。

我在生大宝的时候是剖宫产，那个时候因为麻醉剂用量不够，我切身感受到了那种侵入到骨子里钻心的痛。在半个多小时的剖宫手术期间，我咬紧牙关，在心里进行内在冥想，感受自己正在迎来全世界最美好的爱的结晶。我把所有的关注点都放在了我生下了一个健康的孩子上，当听到孩子第一声响亮的啼哭时，我觉得那是全宇宙间最动听的声音……

时隔 7 年，在生二宝的时候，我打了顺产催产针，但过了 12 个小时都没能正常顺产出来，随后，医生监测到宝宝在肚子里出现胎心心率低的情况，凌晨 12 点多，医生又加了一剂开始准备剖宫产的麻醉剂，准备顺产时打过的麻醉剂再加上剖宫产的麻醉剂，结果就出现了麻醉剂使用过量。整个剖宫的过程，我的整个身体冻得发抖，边呕吐边进行剖宫，在接近零下的环境下，持续了半个小时。生产结束，我被放在保温床上盖三四层被子长达三四个小时，却依然感受不到任何温暖，但当看到孩子可爱的样子时，我觉得付出再多都是值得的。

有很多人问过我："杨老师，经历了这么多痛，如果老天爷再赐予你第三胎，你还会不会继续生？"只要是老天爷赐予我的，我都生。怀胎十月，孕育一个新生命，虽然辛苦，但也是最幸福的体验。有了这种美好的体验，我发现所有的痛都会被这种无条件的爱所取代。

看着孩子们一天天长大，我问了自己一个问题："为什么作为母亲，对孩子的爱是无条件的，而作为妻子，对丈夫的爱却是带有交换或索取呢？"

各位母亲，可以问问自己，在孕育孩子的时候，是不是累并快乐着？也许要凌晨 3 点起来给孩子换尿布，也许曾经在寒冷冬天的半夜带孩子去看过病，也许守着生病的孩子整夜不合眼，但我们毫无怨言，从不觉得孩子是自己的负担，并且内心深处对孩子充满了疼爱和怜惜。甚至每一个母亲在面对自己生病的孩子时，都会说：如果能够减轻孩子病痛的苦，都宁愿替孩子生病。可换一个场景，在夫妻关系相处中，我们为另一半多拿一瓶水都觉得麻烦、占地方、累、无法接受，为什么？

因为我们对待孩子是一种无条件的孕育，对待其他人、事、物却是一种有条件的情感交换。这就像种一棵苹果树，如果种这棵树的目的就是吃到苹果，你内心的声音是：种树等于吃苹果。那么从种下种子的第一天起，你就会一直期待苹果能够快速长出来的这个结果，年复一年日复一日，春秋轮转，在漫长的等待过程中，你的内心被焦虑和期待所填满。"为什么还不结果实呢？""明天能吃到苹果吗？"当每次满心欢喜的期待被漫长的等待所取代，而结果还遥遥无期时，便会频繁消耗我们的心力。这也是许多人在经营一段感情的时候，最容易产生的一种感觉——太累了！

但如果我们带着孕育的心去撒下一棵苹果树的种子，我们撒下种子并不是为了吃到苹果，而只是单纯地去种果树，然后一步步呵护这颗种子从发芽、长苗、茁壮成长，直到开花、结果，每个阶段只是参与其中，静待花开，对结果却不产生执念，那我们不仅不会有任何的心理负担，还会在这个过程中全身心地投入自己的爱。这种顺其自然的状态，也许更容易让我们触摸到爱的真谛。

在经营家庭的时候，如果我们时刻以孕育之心"孕育"自己的丈夫，从容淡定地支持自己的丈夫。我们爱他、辅助他，不是为了从他身上获得更大的回报，而只是无条件地付出。如果我们能把老公当孩子来培养，能把对孩子无条件的爱用在老公身上，不断地鼓励他、认可他、欣赏他、信任他、崇拜他，会发现家庭氛围变得更加温馨、愉悦，矛盾和争吵也会离去。

在经营公司的时候，如果我们能运用"孕育"的方式，让我们的每一个伙伴都能获得自我成长提升的机会，那公司的业绩也会顺其自然的蒸蒸日上。

而懂得"孕育"真正的含义，还是在我学习成长之后。以前的我觉得婚姻经营好难，亲子教育好难。可当我真正学习过、运用过、实践过后，我发现：不懂不会的事情才难，学了就用就会的事情不难。并且我下定决心，我幸福了，我要帮助很多人都获得幸福婚姻、幸福家庭。

周先生曾说过一句话："我们所做的一切都是为了让我们生起慈悲心。"但你真的理解什么是慈悲吗？有人认为慈悲就是去帮助别人，在路边看到一个乞丐给他钱，看到一个留守儿童给他买衣服，这是慈悲吗？真正的慈悲是一种回归本性的善良，是回归人之初性本善的"本"。著名画家毕加索说过一句话："我花了4年像拉斐尔一样画画，却花了一生像孩子一样画画。"孩子是天生懂得慈悲的，一个未被世俗影响的小孩子天生就懂得慈悲，尊重生命，同情弱小。做父母的要保护孩子这种天性。

慈悲是以自己善的行为唤醒别人善的回应和传承。林清玄讲过一个关于慈悲的故事：有一位禅师，住在山中茅屋修行，有一天趁夜色到林中散步，在皎洁的月光下他突然开悟了。他喜悦地走回住处，却眼见到自己的茅屋遭小偷光顾，禅师怕惊动小偷，一直站在门口等待，他知道小偷一定找不到任何值钱的东西，早就把自己的外衣脱掉拿在手上。小偷遇见禅师正感到错愕的时候，禅师说："你走老远的山路来探望，我总不能让你空手而归呀！夜凉了，你带着这件衣服走吧！"说着就把衣服披在小偷身上，小偷不知所措，低着头溜走了。禅师看着小偷的背影穿过明亮的月光消失在山林之中，不禁感慨地说："可怜的人呀！但愿我能送一轮明月给他。"禅师目送小偷走了以后，回到茅屋打坐，他看着窗外的明月，进入定境。第二天，他在阳光温暖地抚触下，从极深的禅定中睁开眼睛，看到他披在小偷身上的外衣，被整齐地叠好放在门口。禅师非常高兴，喃喃地说："我终于送了他一轮明月。"

慈悲不是让我们去可怜别人，慈悲是让我们带着最原始的善良去对待别人。周先生有一年去西安游学的时候，在路边碰到了一个流浪的老人，他并没有直接给老人一笔钱就离开了，而是买了一份食物坐在老人旁边和老人亲切地聊天。在那一刻，他们的身份没有老师和流浪汉，有的只是两个纯粹的人在进行心灵的交流。周先生让一个身处困境中的人，感受到一颗平等待他的心。一个乞丐不会因为你给了他100元钱就改变他的人生，但一个乞丐却有可能因为你把他当一个和你一样的人，而重新燃起生活的希望。

女人一旦升起了慈悲心，那嫉妒、贪婪、怨恨、傲慢这些情绪就会消失。当我明白了慈悲的重要性之后，我对待家庭成员的心态也开始发生了本质上的改变，我会发自内心地去感谢赞美我婆婆的付出，我会平等地看待我儿子提出的要求，我会理解和包容我老公的不容易。当我从一把锋利的剑转变成一个温柔似水、心暖如阳、随顺接纳、滋养成全的小女人时，家庭中一切的关系都缓和了下来，这就是女人拥有慈悲心之后的魅力。而这种慈悲让我在事业上拥有了更强大的内在力量，也让我在职场更强大而不是更强势了！

当我们拥有了孕育和慈悲之后，我们还需要明白什么是节奏？就是在什么节点做什么事，要踏对人生的节拍，也就是我经常说的那句话——在对的时空角做对的事，在什么场显什么相。

当然，由于成长环境和人生经历的不同，每个人的人生节奏并不一致。有的人十八岁参加高考，有的人二十四岁才从职场回来准备高考，有的人二十岁就靠自己在市中心买了一套房，有的人二十五岁却依然在向父母伸手要钱，但这些都不重要，重要的是你一定要有自己的人生节奏。

我十六岁之前生活在奶奶和父母的庇护之下，通过不断地看书以及和身边的人学习，开始逐步建立自己对世界的基本认知；从十六岁开始进入社会一直到二十岁时，我确定了自己的人生目标，邂逅了一段浪漫的爱情；二十四岁至今，我收获了和周先生一起从幸福到不幸福、再通过学习改变自己从而走向新幸福的婚姻。在此后的人生里，我还会坚持做自己喜爱的事业，实现自己更大的人生梦想，保持一个健康的身体状态，拥有一个良好的人生心态，这就是我的人生节奏。

我的人生节奏里面有着：

1. 和解原生家庭的伤，让自己走出来。

2. 实现经济独立，光宗耀祖。

3. 成为伴侣的好妻子，成为孩子智慧的好妈妈。

4. 幸福传承，爱的传承，孕育更多人走向幸福。

5. 从只是辅助周先生到真正活出人生全方位更高版本的自己。

6. 人生有了从梦想到使命到愿力的更大跳跃。

或许你的节奏与我不太一样，但一定要记住，千万不要错过自己的人生节拍，尤其是不要试图与自己的节拍做对抗。

除了踏对人生的大节奏，在不同的场显不同的相也是我们需要掌握的能力。在家里和周先生独处的时候，我会卸下自己"女强人"的形象，不与他针锋相对、比较高低。在他的面前，我只是一个温柔可爱的小娇妻；在与儿子相处的时候，我会卸下自己作为老师的这一层身份，与他平等互动成为朋友，并且我会经常寻求孩子的帮助，让孩子走向真正的担当；在与学员们相处的时候，我又会深刻地明白自己的使命，尽自己所能全力以赴地去帮助他人，这就是在对的时空角做对的事。

很多人之所以家庭不幸福，就是因为不分场合，不分对象，随意地发泄自己的情绪和脾气。比如在老公朋友的聚会上大声争吵，在婆婆面前对老公颐指气使，在孩子面前责怪他们的爸爸，这些没有"节奏"的行为只会让自己成为家庭矛盾的制造者，变成一个让全家人都不敢接近的刺猬，最后闹到不可收场的地步。

想要成为另一半的强大后盾，我们一定要触摸到孕育、慈悲、节奏这三大核心。让自己与己合，接受最真实的自己，奔向更好的自己；让自己与场合，在对的时空角做对的事情；让自己与天地合，顺应万物的规律，成就幸福圆满的人生。

/03

夸奖是一种艺术

心理学家威廉·詹姆斯曾经说过："人性最深刻的渴望就是获得他人的赞赏。"获得外界的认同是人类最深层次的需求之一，恰到好处的夸奖不仅能增加两人的关系，甚至有可能改变人的一生。

有一个流传很广的故事，美国有个小男孩非常不讨父亲的喜欢。在他九岁那年，父亲带着继母回家，当着继母的面，父亲毫不掩饰自己的厌恶。他介绍道："亲爱的，希望你注意这个全城最坏的男孩，他已经让我无可奈何，说不定明天早晨以前，他就会拿石头扔向你，或者做出你完全想不到的坏事。"

听到父亲的话，小男孩十分伤心，他低着头不敢直视父亲的眼睛。没想到继母微笑着走到他面前，托起他的头认真地看着他，然后回过头对丈夫说："你错了，他不是全城最坏的男孩，而是全城最聪明、最有创造力的男孩，只不过，他还没有找到发泄热情的地方。"

继母的这句话温暖了小男孩的内心，让他明白原来这个世界上还有人认同自己，他将这句话牢记于心底，激励着自己前行。从此，小镇上没有了惹是生非的小男孩，取而代之的是一个奋发有为的好少年。几十年后，小男孩成了全美著名的企业家、教育家、演说家，他就是《人性的弱点》的作者戴尔·卡耐基。

我是在农村长大的孩子，农村人最显著的特点就是质朴，乡亲们心思单纯，通常都是直言直语，一个想法涌上心头便也就说出了口，没有那么多语言含蓄的艺术，所以在很长一段时间里，我都是只认对错，而忽视了沟通的表达方式。

与周先生结婚之后，我依然延续着自己直言快语的风格。"你这样做是不对的""你的想法严重错误""你听我的准没错"……我总是不由自主地想要去改造他，而当我的言语直截了当地表达出去的时候好像又多了一层对伴侣的挑剔和否定。

当时周先生的事业还没有像今天这么成功，而我已经在销售管理领域取得了不错的成绩，在我们做同事的那几个月里，他的绩效也从来没有超过我，同龄女性本就比男性心智更为成熟，所以，那个时候，周先生的很多行为在我看来着实有些许幼稚，但是处于恋爱期的我们却觉得一切都是可以磨合和跨越的。后来，我们一起起步创业的过程中，我总是控制不住地想去指责、纠正他的行为，一次又一次的批评和否定他，而我却还自我感觉良好，因为我觉得自己帮到了他，为他指引了一个正确的方向，但实际上我带给了周先生巨大的心理伤害还不自知。就这样日复一日，直到有一天，他郑重地向我表达了他的不满，而我却傻傻地愣在了原地，因为我从未想过自己的好心竟然会带给他如此强烈的不快。

后来，我对人性有了进一步的了解，终于意识到了自己的错误：我不能用自己的经验代替伴侣的体验。同理，在亲子关系里面，父母也不能用自己的"经验式教育"替代孩子"体验式成长"，人的成长来自经历，来自体验。人天生喜欢被肯定，不喜欢被否定，更何况是被自己的妻子一而再，再而三地否定，这种沮丧的情绪也会严重影响伴侣的自信。

很多家庭的矛盾其实也源于此，夫妻间只有指责和攻击，很少有赞美和夸奖。时间久了，双方的爱意被消耗，对方很难从你的身上找到自信，也无法变成更好的自己，两人的关系也就会渐行渐远直至分崩离析。

有一个学员就和我讲过她自己真实的经历，她哭着和我说："杨老师，我的老公没有良心，创业这么多年，我为了他的事业殚精竭虑，好多次在他即将做错误决定的时候帮他避开深坑。如果没有我的帮助与扶持，他就是一个一文不值的穷小子，他现在有钱了，却对我爱答不理，还去外面找小三……"我平静地听着她讲完自己的故事，然后问了她一个问题："你知道你的老公为什么会去找小三吗？"她疑惑地摇了摇头，看她实在是没有发现问题的关键，我继续说道："因为你一直在打击你的老公，你老公的自信都快被你给灭掉了。他去外面找小三的时候，小三会拼命地夸奖他、认可他，给他提供足够高的情绪价值。他在小三面前恢复了自己的自信，因此，他更愿意和小三待在一起而不是和你。"

听完我的话，她忍不住反驳道："但是他真的没有什么优点啊，我总不能昧着良心说话吧？"我微笑着告诉她："你看，这就是问题的关键，每个人都有自己的闪光点，你老公也是，不然你当初为什么会选择他呢？我们去赞美他人并不代表着要拍马屁，而是要发自内心去发现别人的优点。有时候不是因为他有了优点，你才去表扬他的优点，如果他真的没有优点，你就制造优点，那个制造的优点也会慢慢变成真的优点。你一定要学会夸奖自己的男人，什么好听就说什么，比如'我老公是最棒的！我老公是全天下最好的男人！'事实并不重要，你说的就是事实，是你的所思、所想、所言、所行创造了你老公是好还是坏的真相。"

听完我的话，她若有所思，回去之后就开始反思自己的问题，并尝试夸奖自己的老公。当她真正改变了之前以为理所当然的所有行为和语言方式之后，两人的关系居然开始缓和。经过一次次推心置腹地交谈，她老公表示愿意重回家庭，她也愿意重新去接纳，当初的情感危机如今也消失不见了。

我之所以敢如此自信地告诉她夸奖能解决问题，是因为曾经的我也吃过"不懂夸奖"的亏。因为不懂夸奖，只想改造伴侣、批判伴侣的语言模式一度让我们出现了情感危机，我觉得无比失落，沉迷在"伴侣不接受虽然难听却有用的建议"的逻辑中，直到我开始学习夫妻相处之道，才知道学会夸奖伴侣是夫妻之间共同的必修课。谁先学习，谁就拥有了主动权，幸福就可以靠主动的人创造出来。当我明白夸奖的重要性之后，我开始让自己的行为发生改变，我会抓住每一个夸奖周先生的机会。我和他同看一本书时，他会和我分享读书的收获，我会发自内心地告诉他，老公你好棒，你看书学知识和我就是不一样，我没有想到和理解透的地方，你竟然能看得如此透彻。听到我的夸赞之后，周先生十分兴奋，开始源源不断地和我分享他的所思所悟，我们两人的感情在这种交流中也得到进一步升华。

有人肯定还是感到困惑，那难道我们就只夸奖好的一面，完全不去提做得不对的地方吗？当然不是，说话是一门艺术，如果真的有不得不指出错误的时候，我们可以换一种表达方式。如果直接用"你这样是错的""你的想法很愚蠢"这样的表达，恐怕任何人都无法接受，因为你打击了别人的尊严。在这种时候，我们可以尝试这样表达："老公，你这个想法真的超级棒，做成了一定非常了不起，但是我们是不是可以先考虑一下这些细节问题……"我们先去肯定和夸奖对方的想法，再恰到好处地提醒对方哪里还需要注意，这种表达方式对方接受起来就容易得多。如果这个建议不适合由你提出来，你可以找一个你老公相对信任又听得进建议的人侧面提醒。

两个陌生的人走到一起，从相识、相恋到组建家庭，必然是存在很多共同点和足够多的爱意，但很多人不懂得向伴侣表达爱，不懂得夸奖伴侣，导致两个原本相爱的人就会出现情感危机。为了感情能够长久保鲜，我们不妨把"你这样做不对"换成"你的想法很有创意"，把"你听我的准没错"换成"我有什么可以帮你吗"，把"你一无是处"换成"我真的很高兴你这么细心"……只要你能学会夸奖的艺术，你们的感情就会悄然发生改变。

从此时此刻开始，学会夸奖父母、夸奖伴侣、夸奖孩子、夸奖身边的一切美好事物，你会发现，人生会越夸奖越幸福……

第八篇

|IMPORTANCE|

夫妻同修的重要性

关系的同修

在我和周先生结婚之前，我们的关系就是非常简单的情侣关系。周先生只要照顾好我的情绪，不断地为我提供爱的关怀，关系就会十分稳固。但随着我们正式走入婚姻的殿堂，我们扮演的角色也悄然发生改变，我从他的女朋友升级为了他的妻子、儿子的母亲、公公婆婆的儿媳妇。我需要面对的人物关系，也从简单的情侣关系升级为夫妻关系、亲子关系、婆媳关系，周先生也是一样，他从我的男朋友升级为了我的老公、儿子的父亲、我爸妈的女婿。作为家里的男主人，他除了需要处理好家庭琐碎的关系，还要为自己热衷的事业奋斗。

这些角色的转变都是在不太长的时间内完成的，对于初入婚姻殿堂的我们来说，要想及时适应这些身份的转变是一个巨大的挑战。我曾犯了一个重大的错误，就是在大宝刚出生的那段时间，没有分清婚姻关系、亲子关系的主次，无意中把亲子关系凌驾在了夫妻关系之上，从而忽视了周先生的感受，甚至一度觉得老公是可有可无的，这一错误的认知让我们的感情极速降温，快速滑向了危险的边缘。

其实，很多女人结婚以后，都会渐渐把精力放在孩子身上，把孩子放在首位，把老公放在第二位。这样的排序，女人会觉得自己照顾了孩子，为这个家付出了很多，却没有得到老公的理解，心里很委屈，而作为男人也会因为缺少了爱，没有得到妻子的关注而失落。时间久了，两个人就会心生芥蒂，感情也会因此动摇。所以，两个人组建一个家庭，要做的第一步就是关系的同修，双方应针对自己即将扮演的新角色进行一次深入的思考。孩子的降临，我们可以一起爱他、抚养他，但不代表有了孩子后，就理所当然地忽视另一半的感受。作为女性，要在生完孩子之后快速觉醒，爱孩子和关心老公并不冲突。正是因为我在生大宝的时候没有明白这个道理，所以感情才会陷入危机，在后来共同学习成长了之后，我们就一同走出了困境。在二宝出生之后，我花很多时间精力陪伴孩子，但我也会每天都抽出一段时间来和周先生独处，分享我们彼此内心最真实的感受。在这种相处模式下，我们的感情不仅没有因为孩子的出生而冷却，反而变得更加和谐甜蜜。

我在这里也提醒一下先生们，女性在怀孕以及哺乳期因为体内激素的变化以及角色的转变，琐事的增加导致休息不好，这些都会让情绪受到影响，这时更需要先生付出更多的耐心、分担、理解和陪伴，真正做到用爱呵护她走过这段脆弱期。统计发现，很多女人对婚姻的失望就始于孕期及哺乳期这段时间。

除了协调亲子关系和夫妻关系，婆媳关系也是我们必须面对的一个问题。很庆幸，由于我和婆婆善良的本性，婆媳关系基本是顺利的，虽然也有过摩擦，但是在周先生智慧地协调处理下，婆媳有过的矛盾和冲突也和谐地化解了。

有一段时间，儿子玩手机入了迷，只要我不在家，他一玩就是好几个小时。于是，我就告诉婆婆别把手机给孩子，但是婆婆每次都经不住孙子的软磨硬泡，答应让他玩几分钟，可到了规定的时间就是要不回手机，最关键的是每次婆婆向我们告状就是孩子不懂事，玩手机没有节制。为此，婆婆没少生气，婆婆自始至终都无法意识到根源在于是她给了孙子手机造成的，公公也有智能手机，但是公公会给孩子使用手机的时间设定规则。

为了改掉儿子拿婆婆手机玩得无节制的习惯，我把婆婆的智能手机暂时没收了，给她买了一个老年机。中途，周先生找我要了很多次，让我把手机还给婆婆，我都拒绝了。有一次，周先生甚至当着婆婆的面非常生气地对我说："你一定要把手机还给妈，你知不知道，你弄得妈都没办法听唱戏的了。"我说："我可以给妈买个唱戏机。"周先生说："不行，你不把手机还给妈，我跟你没完。"听到这里，我婆婆以为我们俩吵架了，连忙说："儿子，我平时也用不到那个手机，不用给了。"其实，周先生在婆婆面前讲的这些话，是为了让婆婆心里舒服，提前私下跟我交流好的。很多人总是抱怨婆媳关系不好处理，其实，真正和谐的婆媳关系来自一个智慧的老公。

我的婆媳关系之所以经营得很好，除了周先生的智慧外，更重要的是我对婆婆就像对自己的母亲一样。周先生非常爱他的母亲，他最初奋斗的动力源于他的母亲，而我对婆婆的好他都看在眼里。尽管我也有很多无理取闹的时候，但每次周先生都会因为想起我对他的付出而不忍责备我，这可能也是我们的感情能够长久保鲜的原因之一。因此，保有一颗善良的心，平时多付出一些、多储备一点对对方的好，真的有矛盾时也会有更多一些被原谅的理由。

在所有的关系中，很多人都会有一个错误的认知，就是总把自己觉得应该是怎么样的，就希望对方以自己喜欢的方式出现，当事与愿违或者对方没有满足自己的时候，就会上升到对方不够爱我们。在这里，我想告诉大家，其实比怎么处理好关系更重要的是，你对自己在这段关系中的角色认知。如果在任何一段关系中，你都把自己定义为受害者的角色，那你的身边即使天天出现太阳，你也会觉得阳光太刺眼，但如果你把自己定义为一个受益者的角色，就算天天下雨，你都会感受到雨水的滋润。

事实上，我们并不需要面对太多复杂的关系，唯一需要先处理的就是与自己内心世界的关系认知，不同的认知就会形成不同的结果。而今天的认知都来自我们身边的教育，比如总会听到"男人有钱就会变坏，女人变坏就会有钱""婆婆再好也不如亲妈""有些孩子天生就是来讨债的"……当你听从了这样的话后，那你的家庭关系就会被你经营得一塌糊涂。如果你能把这些认知换成"你的伴侣就是最匹配你的灵魂伴侣""婆婆就是妈""我的孩子天生就是来报恩的"……当你从内心深处开始改变的时候，你会发现，所有的好关系都会出现在你的生命当中。

除了改变内在对于关系的认知外，我希望每一个人都能明白，在所有的关系里，亲子关系大于亲子教育，夫妻关系大于夫妻教育，父母关系大于父母教育。把关系和睦、关系融洽、关系充满爱放在首位，把教育放在后面。记住这句话：先有好关系，才有好教育。在家庭教育中，如果没有好的关系作为支撑，教育就如水中浮萍，会飘摇、会动荡、会侧翻，只有构建了良好的关系，教育才会带来正面的作用力。

最后必须记住，无论何时何地，在家庭关系里面，永远把夫妻关系放在第一位，如果你错误地把亲子关系、父母关系或朋友关系排在了夫妻关系的前面，那么你很有可能会断送自己的婚姻。在家庭关系里，夫妻关系才是所有关系的核心，只有夫妻关系好了，其他所有的关系才会更好。

/02

成长的同修

　　我曾看过这么一段对话：有一个人去理发，在做发型的过程当中，他问理发师：
"技术最好的理发师应该是什么样的？"理发师停顿了片刻对他说："技术最好的
理发师不仅可以在当时给你剪了一个非常好看的发型，而且他能预测到你头发一个
月以后的生长情况，而那个时候你的发型依然是非常好看的。"

　　婚姻也是一样，很多人在选择伴侣的时候，都会看对方的三观、原生家庭、人品，
这些都很重要，但很少有人会去看两个人的成长速度是否匹配。因为一个人不断成长，
对另一半的要求也是不断变化的。如果你稀里糊涂，只顾眼前去结婚，不预测伴侣
的成长和自己的成长，那么你们最终多半会以悲剧收场。婚姻最牢固的纽带，不是
孩子，也不是金钱，而是精神上的共同成长。当你在最无助、最沮丧的时候，如果
有一个人能托起你的下巴，扳直你的脊梁，坚定地告诉你：我永远和你站在一起共
同承受命运的安排。那一瞬间，你就会明白，这辈子选对人是多么重要。

　　截止到目前，我所推出的两性关系课程已经影响了数十万个家庭，里面有很多
学员真实的故事让我印象深刻。我记得有位男企业家有一天伤心地和我说："杨老
师，我感觉和老婆完全过不下去了！"我询问他原因，他告诉我，以前和老婆一起
创业打拼，双方有共同的目标，有源源不断的共同话题，但随着事业的不断发展，
老婆逐渐回归家庭，她每天在家里只知道追剧、刷视频，完全不去接触外面的世界，

个人成长也已经停滞很多年了。而他自己每天都在接触不同的人，全世界到处出差，不论是眼界还是个人思维都得到了很大的提升，现在两人已经到了无法交流的地步，感觉日子过不下去了。

听完他的故事，我感慨很深。我问了自己一个问题，为什么我和周先生的感情能越来越好？是因为我的美貌还是因为爱和责任？思来想去，我最终发现了原因，也许我不是周先生接触的女性里面最年轻漂亮的，也不是事业和金钱层面上最富足的，但我是一直能跟上他成长步伐的女性。他本是河南新乡一名辍学少年，进过工地，学过电脑，做过销售，干过心理咨询，一步步成长进步，到今天成为财商领域的知名人物，而我呢？本是湖南农村一个懵懂小姑娘，做过服务员，进过工厂，做过采购助理，干过销售，做过管理，到如今为传播家庭幸福尽着自己的绵薄之力。我们走在各自的轨道上又始终心连着心，通过学习成长，我更能读懂他的博学和上进，也能理解和支持他的理想和使命。在他最孤独无助的时候，我会带给他温暖的慰藉，我选择成为相信、包容、无条件爱他的知心伴侣，所以我们的感情才能长久保鲜。

如果你问我："杨老师，在婚姻中什么东西会让你感到有危机感？"答案只有一个：那就是我停止成长了，但这个事永远都不可能发生在我的生命中，因为我血液里流淌的都是成长的血液。夫妻之间只有一种危机，就是对方的不成长，或者双方的不成长，而幸福的婚姻则来自夫妻的共同成长。

现实中很多女性朋友在结婚之后几乎把所有的精力放在了家庭上，完全切断了和外面的联系，久而久之就和丈夫出现了沟通障碍。她无法理解丈夫在外面工作的艰辛，丈夫也不能理解她在家里忙前忙后的辛苦，更不能接受她待在家里抱怨消耗的状态，两个人在这种不协调的状态下将就着过了很多年。直到有一天，矛盾无法掩盖或者出现了第三者，婚姻开始走向了灭亡，而女人却只能哭着骂着说男人都没有良心。

真的是男人没有良心这么简单吗？我认为还是因为没有对婚姻形成一个正确的认知。婚姻不是谁依赖谁，而是彼此的相互成就。你可以把结婚理解为一男一女成立了一个"人生合伙公司"，两个人扮演的角色是人生合伙人，公司不大，但各有各的分工，有人管业务，有人管内勤。也许每个家庭的细节都不相同，但终归需要你们的愿景相同，步调一致。可如果其中有一个人拒绝成长停在原地，那么，总有一天会出现这样的场景，公司即将上市，你却还在用创业初期的思维经营着已经发展壮大的公司，最后的结果一定是你的伴侣对你的经营表达不满，想要换一个更匹配的合伙人。

我和周先生结婚这么多年，在公司经营的战略方面，他一直很有前瞻性，但在公司具体运营这一块，他会更多地询问我的建议。我们两个既是夫妻同修，又是匹配的人生合伙人，所以我们的感情才会稳定发展。世上没有永远稳固的婚姻，只有共同成长的夫妻。要想婚姻变得更加幸福，夫妻两个人应该形成一个共同体，相互滋养、彼此成就、并肩前行，让生命达到一个更高的维次。这样，夫妻的亲密关系也会更进一步，家庭也会螺旋式上升。如果你不能尽早想明白这个道理，你的婚姻终归还是会出现问题。因为两个人在一起，成长快的那个人，总有一天会甩掉那个原地踏步的人。

不管遇到多么优质和富足的伴侣，你都不能停下成长的脚步，成长变得更好是你永恒的生命课题，这么做不是为了伴侣好，也不是为了取悦伴侣，而是为了自己好。自己好才有可能会遇到好伴侣，如果你极致的好，你的伴侣感受不到安全感时，他也会因为没有安全感而必须跟上你的成长，否则就会有被换掉的风险。如果你跟不上伴侣的成长，你也可能会成为落后被丢下的那一个。所以，无论何时何地，面对何种境遇，都别忘了成长。婚姻里的幸福不仅是你侬我侬的小情爱，更多的是双方价值对等、携手成长的满足。

/03

亲子教育上的相互配合

常言道："父亲是天，母亲是地，天高地阔则万物生。"一个家庭想要和谐美满，父母一定要扮演好各自正确的角色。很多夫妻感情出现裂缝，有很大一部分原因就是在亲子教育上角色错位，衍生出了很多问题。

在向我咨询的学员里，我发现他们在亲子教育上普遍会出现三种情况：

1. 爸妈都对孩子很严厉，导致孩子和父母的心理距离越来越远。

2. 爸爸对孩子严厉，妈妈对孩子溺爱，导致孩子亲近母亲疏远父亲，家庭气氛严重失衡。

3. 爸爸对孩子溺爱，妈妈对孩子很严厉并强势打压爸爸，导致爸爸在孩子心目中没有威严。

在这样家庭里成长起来的孩子，要么亲情观念冷漠，要么十分叛逆。更严重的是由于教育孩子的理念不统一，夫妻经常发生争执，非常不利于感情的长久保鲜。

作为两个孩子的母亲，分享一下我的真实经历。夫妻双方在探讨教育孩子的各自分工之前，需要先解决好另一个问题，那就是父母应该如何看待孩子？很多父母把孩子当作自己人生的延续，希望孩子活成自己想象中的样子，最终，孩子长大后却和自己并不亲近，还时常抱怨自己强势的父母。

我们一定要先想清楚，孩子虽然是从我们的身体里诞生，但我们只是生育的载体，每个孩子都是一个完全独立的个体。养育他不是为了让他长大后赡养我们，也不是为了实现我们未实现的梦想，而是为了让他活出最好的自己，是为了让他成为自己生命的领袖。因此我们必须先尊重他的个体意志，然后再去谈论亲子教育的问题。

　　明白了这一点后，我们再来思考夫妻双方在亲子教育中应该扮演的角色。在我看来，父亲就像家中的一座山，承担着家庭的重担，决定着家庭未来发展的方向和高度。父亲在与孩子相处的时候，可以和孩子打成一片，成为他的知心朋友，但在关键时刻，一定要给孩子精神和格局上的指引。如果一个父亲在家庭遇到困难与挫折时只知道逃避，那么在孩子的心中，就会失去为父的威严，孩子对父亲也会失去崇拜，并且由于深受父亲的影响，孩子也可能会在面对困难时选择退缩。因此，要想家庭更坚固，拥有更好的未来，作为"火车头"的父亲要有敏锐的眼光与清晰的方向，这才能够带领家庭成员走正路，也才能够给家庭更好地规划未来与方向。

　　幸运的是周先生的眼界和格局远超常人，他时常对儿子说："儿子，你知道爸爸的梦想是什么吗？""是帮助亿万家庭实现财富自由、身心富足。"儿子听闻爸爸的理想，肃然起敬，并且儿子经常用手机上网，看得最多的就是他爸爸在书友会解读的历史和人物传记，以及讲课的短视频片段。儿子开始欣赏父亲，萌生了将来要超越爸爸的梦想，从而产生了更大的内驱力看课外书、读人物自传，甚至从小就开始学习如何管理金钱，与钱打交道。小小年纪的儿子便开始有了领袖特质，他的思维高度和认知也变得不一样了起来。周先生不只是说，还用行动证明着自己说过的话，儿子从他的身上学到了宽广的胸怀和坚强的意志。周先生在教育中做到身教大于言教，榜样是最好的学习力，而父母就是孩子学习的最佳榜样。

　　作为孩子的母亲，我要帮助周先生树立威严，我经常和孩子说他父亲的闪光点。

而很多母亲，不仅很少夸赞孩子的父亲，还拼命地拆丈夫的台，当着孩子的面把丈夫贬低得一无是处。大家试想一下，在这种环境里成长的孩子会如何看待自己的父亲？母亲爱孩子最好的方式，就是尊重自己的丈夫，常在孩子的面前夸奖他的父亲，让孩子把父亲当作偶像来学习，同时又让孩子感受到爸爸妈妈都很爱他，这样他才能活得底气满满、自信满满。

当然，不仅仅是配合周先生树立威信，我也没有忘记自己作为母亲应该扮演的角色。如果说父亲是山，那母亲应该就是家中的一团火焰，决定着家庭的气氛与温度。女性天生比男性更温柔，也更能得到孩子的信任。在和儿子相处的过程中，我不仅是他的母亲，还是他最好的玩伴，他买了一个玩具，写了一篇作文，都会和我分享喜悦。从我的身上，他学到了与人相处的能力，以及如何成为一个温暖的人。有些家庭的孩子性格孤僻，就是因为母亲长期负能量，从小就向孩子抱怨生活中的不易，导致孩子没有学会正确与人相处的能力。

我一直认为，夫妻在教育孩子的时候，不一定是"男主外，女主内"的固定模式，也不一定就是"慈母严父"的搭配，关键是找到适合自己的位置，用恰当的方式对待孩子。夫妻方向一致，各司其职，该宠溺的时候宠溺，该严厉的时候严厉，做到对孩子无条件的爱，但不做无底线溺爱的放纵。在亲子教育中，父母如果都能做到和善而坚定，那就是最合适的亲子教育模式。

/04

心性的同修

经营好一段感情的真谛是什么？稻盛和夫先生说："提升心性、磨炼灵魂。"在生命这趟旅程上，两个人在一起，不仅是夫妻、知己、事业伙伴，也是同学，更是一起克服困难的同志。要想在多重身份之间自如切换，除了拥有坚贞笃定的感情基础、彼此珍视的信任与关怀，更重要的是心性上的同修共进、灵魂上的彼此懂得。

回顾我和周先生这一路以来的恋爱、婚姻和创业历程，也是我们彼此心性提升的一个个磨砺点。创业中的风险和艰难、婚姻中的矛盾和苦涩，对我们来说都还是比较容易应对的，但被人误解、中伤和诋毁，曾让我们陷入进退两难的境地。

一次受感动的善义之举，令我没想到的是，让我和周先生遭受了第一次网暴。无数网友指责我们出于不可告人的动机，为了出名、博眼球、买流量，甚至还有人发表侮辱性的言论。第一次面对这么多恶意的攻击，我也曾陷入低落和愤怒的负面情绪里，心情十分沉重和委屈。周先生开导我，只要我做的这件事能帮助到他人，至于不理解的人怎么评价，都跟我没关系，悠悠众口止绝于耳。

想到自己 10 来年努力奋斗的一切可能在一夜之间就什么都没有了，周先生也曾充满恐惧，也有过妥协和退缩的念头。他除了是讲台上传播财商的老师，还有着儿子、父亲和丈夫的角色，选择继续传播财商帮助更多人实现财富自由、身心富足，还是选择自己的小家，周先生无比地纠结。因此，在那段时间，周先生尝试了很多他从未做过的事。他是一个超级注重形象的人，平常出门都要整理发型，这一次他却鼓足勇气剃了光头。为了战胜恐惧，有过恐高的他却选择去蹦极、跳伞，从高空一跃而下。

最后，他做了一个决定：即使付出自己的生命，失去所获得的一切名誉、财富、地位，他也要继续站上舞台去唤醒更多人的财商意识和生命觉醒。当周先生将他的决定告诉我的时候，我果断地选择给予他支持、鼓励和赞同。我告诉他："亲爱的，不管你做什么样的决定，我都会与你一起去面对。"

那些威胁与诋毁曾让他倍感压力和失落，而我能做的就是默默地陪伴在他身边，用心地聆听他内心真实的声音……

这么多年来，周先生义无反顾的坚持传播正能量，并利用为数不多的空余时间录制了《周文强财商思维1000讲》，旨在帮助更多家人实现财富自由、身心富足。迄今为止，这个课程已帮助了数以万计的家庭获得幸福、财富、觉醒……

如今，再提及被威胁的事时，周先生都会笑着跟我说："我特别感谢那件事，因为它让我拿到了痛苦背后的礼物，让我的境界再次上升到了一个全新的维次，让我的心性也得到了很大的提升。如果没有那件事，可能就没有今天更加觉醒的我。"

在传播财商的这条路上，充满了许多的坎坷和挑战。这么多年以来，如果我和先生没有共同学习成长，没有一起进入身心灵的修行，也没有一起在心性上"磨炼自己"，我们可能就会陷在被网暴的世界里面成为牺牲者……再次被网暴时，我发现网暴周先生的很多人，可能并没有真正地看过他的视频，也没有听过他的音频，甚至不知道他究竟在做一件什么样的事情。很多人可能就是看到别人发了，也出于自己所认为的"正义"而去转发，但却不知道自己转发的这件事不仅不是正义的，还有可能给别人带来不可弥补的伤害。网暴最可怕的地方就在于，每个人都在洪水中扮演了一滴水，但每个人都浑然不觉。

我之所以分享被网暴的经历，就是希望每个人都能觉察一下自己的一言一行，不要无意中传播了错误的信息，又稀里糊涂地成为网暴的推手，伤害了无辜的人。特别是在亲密关系中，我们更不能因为一些毫无证据的猜测，说出伤害伴侣的话或做出伤害亲密关系的行为。

作为个体，或许我们很难阻止一场网络暴力的发生，也无法保证家庭中不发生矛盾。但我们可以选择不成为网络暴力和家庭矛盾的制造者，让自己的灵魂变得更纯粹、更美好。

第九篇

|AWAKEN|

自我的心灵觉醒

/01

经济独立、精神独立的人生最幸福

俄国文学大师列夫·托尔斯泰在《安娜·卡列尼娜》的开篇中写下了一句至理名言："幸福的家庭都是相似的，不幸的家庭却各有各的不幸。"

自我投入传承幸福人生的事业已经七八年了，成千上万个家庭的故事在我的脑海中汇集。我读着他人的故事，聆听着他们的幸运与不幸，我终于发现：原来幸福的人都有共同点。

那些事业成功、家庭幸福的女性，浑身上下散发着一股迷人的自信，与她们交谈仿佛春风拂面。当我询问她们自信的根源时，她们笑着和我说："我自己赚钱养活自己，不靠任何人也能过得潇潇洒洒，我当然自信啊！"这就是我强调一定要实现经济独立和精神独立的原因。一个人如果连最基本的物质生活都要依赖于他人，没有自己独立解决问题的能力，那一定无法建立起发自内心的自信。

现在你们看到的我自信、强大、举手投足之间从容有度，但很少有人知道，我小时候的经历，曾让我敏感、自卑，与人说话也总是低着头，尽管奶奶给了我满满的关爱，但我的内心其实还是没能建立起足够的自信。即使在长大之后靠自己赚钱，买衣服也只去小商小贩那里和廉价市场，吃饭也只去路边摊，因为我觉得那些大牌服装店和高档酒店根本就不是我能踏入的地方，这种不够自信的状态持续了很久，直到我的人生迎来两个重要的转折点。

第一个转折点是从事销售行业之后，当我成为公司业绩第一名，每个月能赚到好几万元钱的时候，我突然发现以前的一些担忧和恐惧，归根到底还是自己经济能力的不足。为什么不敢去高档场所消费？因为我深深地记得，当时因为肾结石，一次手术就花了我半年的工资，如果不是表姐帮我垫付，我根本不知道该如何处理。当我从餐馆服务员一步步做到销售第一名，慢慢开始实现经济独立的时候，这些担忧就渐渐消散了。我和周先生刚认识的时候，我已经是业绩出色的销售精英，而周先生还处于事业的起步期，当我面对周先生时，绝大多数时候都能展现出足够多的自信。因为我自己很能赚钱，就算不靠男朋友，我不但有信心能养活自己，也有信心能够养活我的家人。

自十六岁进入社会，我就养成了一个习惯，除了给父母和奶奶钱之外，还会给长辈钱。我记得在一开始的时候，爸妈告诉我，有人觉得你的钱是大风刮来的，不拿白不拿，大多数人听了这样的话可能都会非常生气，以后就再也不会给了，而我从来没有生气过。在我的认知里，孝顺长辈、给他们钱花是我应该要做的事，并不是他们向我要，他们有什么样的反应是他们的事，跟我没有关系。我不会因为他们感不感恩我，就决定要不要做这件事，因为即使我把自己所有的钱都给出去了，我也有信心马上创造出来新的财富。这种经济独立的感觉让我由内而外地散发出一股自信，这也许是我能吸引周先生的原因之一。

但仅仅实现了经济独立就能拥有真正的自信吗？当然不行。真正的自信是发自内心地对自我的认可，而不是借助于任何外物。曾经我不懂这个道理，陷入了长久的精神内耗。

怀大宝的时候，我选择扮演人人都"羡慕"的全职太太，那时我认为一个女人最幸福的就是嫁了个好老公，可以靠老公来养，于是我选择与自己的事业分离。直到亲自体验过全职在家，天天等待老公归家的全职太太的真实"悲哀"，我才下定决心重回职场，找回自己的价值。虽然我在家依然可以赚钱，但那种不确定性和不安全感，以及价值感的缺失还是时不时地向我袭来。在这期间我和周先生的感情也出现了裂痕，这让我思考了一个问题：依靠外物建立起的自信，是真正的自信吗？为了修补我们的关系，周先生给我支了个招，他让我去阅读、去学习。经过一段时间的学习后，我终于明白，仅有经济独立是不够的，想要建立起稳固的自信，还要实现精神独立。

那什么是精神独立呢？我认为可以用三个字概括，那就是"配得感"。什么是"配得感"？就是你无论贫穷富有，成功与否，你对自己的人生价值都深信不疑，这种不依赖于外物，而是从内心深处建立起来的自信，才是真正的自信。而我一开始并没有足够的"配得感"，是在与周先生相处之后，才逐渐习得这种气质，所以，我建立自信的第二转折点就是周先生的指引。

周先生是一个由内而外都特别自信的人，在他一无所有的时候，他就坚信自己未来一定会获得成功，这种与生俱来的品质让他在面对任何困境时都能乐观看待。很多人认为周先生是事业有成之后才变得自信，其实不是这样的，周先生恰恰是因为一直都很自信，才能获得成功。

从他身上我感受到了这种"我本该拥有"的感觉，让我真正开始从内心分离自卑的情绪。在与他相处的过程中，他的忠诚和肯定又让我一步步建立起了真正的自信，并且在我实现经济独立之后，他又引领我夫妻同修、共同成长。没有认识周先生之前，我读过大量励志书籍，也拜读过大量的人物自传，还翻阅过无数的销售、管理、营销、经营等书籍，这些对于能力的提升、技能的掌握、物质财富的建立起到了非常重要的作用。并且我一直秉承"当下师为无上师"，不断向当下比我更厉害且人品好的人学习，这使得我不断地遇贵人，成长也很迅速。而周先生就是我接触到的一个"当下师"，是他把我带进了身心灵成长的大门，这个"因"才是让我真正实现精神独立的"果"。

于我而言，周先生一开始是我的同事，后来是我的男朋友，再到我们走进婚姻，他成了我人生中最亲密的伴侣。但在生命成长的维度，他又成了我的老师引领我，我们亦师亦友、亲密无间，又拥有一致的三观，共同的目标，这些在真成长之后，一切都变得越来越美妙。

实现了经济和精神的双重独立之后，我发现我不再只是用赚取金钱的多少来衡量自己的价值，也不会在感情中患得患失了，我全方位地接纳自己。在我的内心世界里，我就是全世界最完美的女人，我值得拥有最美满的婚姻和富足的人生，我配得上一切美好的事物。之所以会有这样的转变，还与我在每次演讲中必提的两句话密不可分，现在，我把第一句话送给所有的女性：在这个世界上，只要是男人能够做到的事，我们女人也可以做到；男人做不到的事，我们女人依然可以做到，比如怀孕、生孩子。第二句话的维次比第一句要高出很多，所以，我要把第二句话送给所有的人：在这个世界上，只要是有人能做到的事情，我就一定可以做得到，没有人能做到的事，我依然可以做得到，因为有一种人是开创者，而我就是那个天生的开创者。当你用这种创造者的正面心理去经营自己的人生时，你会发现，周围的一切都在发生改变。

很多学员向我抱怨自己的婚姻不幸福，其实，归根到底还是没有真正地实现经济独立和精神独立，总是以一个索取者的身份在经营人生。当你买一个包包都要向老公开口要钱的时候，当你把老公对你的态度当作衡量自己价值的标准的时候，你们的关系就已经失衡了。你把安全感和获取幸福的主动权寄托给了老公，那么你就永远不能收获真正的自信。害怕失去，因为离开老公意味着将失去基本的生活保障，意味着失去了人生的价值，你被困在患得患失里，你担心老公变心，所以查岗、看手机、猜疑，这些都在不断地消耗你们的关系，直到有一天，你们的感情到了破裂的边缘，你蓦然回首，却找不到最初的自己。

我一直告诉大家，女人一定要实现经济独立和精神独立，因为只有靠自己的幸福才是最长久最稳定的。实现经济独立后，你就有了底气，你可以在父母遇到困难时毫不犹豫地伸出援助之手，也可以在婚姻走到尽头时有足够的勇气说再见，你可以不忐忑地看别人的脸色过日子，也可以看到喜欢的东西想买就买，不用和任何人商量。当你不把手心向上的时候，你对伴侣就不会有太多的抱怨，因为你自己有足够的实力面对未来可能会出现的任何变故。当你把老公赚的钱当作是自己额外多得的时候，你就会无比开心。而精神独立可以让你不迷失自己，你不会用别人的标准来衡量自己的价值，也不会用自己的标准去要求别人，更不会刻意地压制自己内心最真实的感受和想法来迎合他人，你能够勇敢地做自己，去追求自己想要的生活。

　　不管是男人还是女人，经济独立和精神独立都是基本标配。只有经济独立、精神独立的人才有可能触摸到真正的幸福。因为爱情本质上是两个独立个体的相互吸引，如果你放弃了自我的独立，那也就找不到自己的存在感和价值感，你在对方的眼里，也会很快失去最初的魅力。当你失去属于自己个人的魅力的时候，其实你离失去对方也就不远了。婚姻中最大的经营筹码，永远不在于对方如何对待你，而在于你是否实现经济独立和精神独立，是否活出最好的自己的生命状态！

/02
家是讲爱的地方，而不是讲理的地方

幸福的婚姻里，夫妻和睦恩爱，柔情脉脉；不幸的婚姻里，夫妻剑拔弩张，水火不容。

我曾遇到过一对高知夫妻，双方都接受过良好的教育，他们对人生和世界都有着各自独特的认知，在生活中经常出现争执。他们来找我咨询婚姻问题，妻子刚开始陈述自己的问题，丈夫听见有不对的地方就立马带着情绪进行纠正。妻子听见丈夫说她讲得不对，马上反击，来来回回，针尖对麦芒，谁也无法说服对方。眼看局面愈演愈烈，我赶紧做了一个停止的手势，看着他们交流的样子，我一下就明白了他们的问题在哪里。

很多夫妻在相处的过程中容易陷入一个误区，那就是总是试图去说服对方。他们摆道理、讲逻辑，观点明确，思路井井有条，大到孩子的教育，小到晚上吃米饭还是吃面，他们都想要让另一半认同自己的观点，可结果往往不如人意，另一半不仅不认同，还非常容易闹得不欢而散。

我和周先生的相处也曾经历过同样的问题，刚结婚的那段时间，我经常给他"出主意"。不管是在我们独处时，还是在公共场合，我总是喜欢告诉他："你按这样做准没错""听我的没问题的""你的想法是错的，你应该这样……"有时周先生会默默地生气，有时他会忍不住向我表达他的不满，而我还想不明白，我明明是为了让他变得更好，为什么他不领情？最终在不愉快的交流下，我们各自都没能理解对方，直到后来我在书上看到一个故事。书中的女主角家有一位亲人去世了，她母亲每天都感到很害怕，晚上看到窗外的树影吓得不敢去厕所。而主人公是一个无神论者，她觉得母亲愚昧无知，为此常和母亲争吵，说世界上没有鬼，而母亲则说她不孝顺，不关心人，双方各有各的道理，无法相互理解。

直到有一天这个女主角听朋友说了一句："你母亲的恐惧，大体源于内心世界的孤独和亲人离开带来的幻想。"听到这句话，她突然明白，原来母亲的担忧，不仅仅是害怕鬼神，还有一种可能性，那就是她渴望亲人能够关注到她的情绪。

看到这个故事，我突然明白了一个道理，原来家庭相处中，不一定要事事都据理力争、针锋相对。当我们开始据理力争时，家里便开始被蒙上了一层阴影，我们都会抱着各自认为"正确"的观点，敌视对方，甚至肆无忌惮地伤害对方，最终导致两败俱伤。有不少夫妻，为了表面的一个"理"字，常常为了一点小事就争论不休，甚至最后都没能发现那些争吵其实毫无意义。我们需要明白的是，对方在表达自己的观点时，其实传递的是一种情绪，这个时候，他渴望的是被理解、被接纳，而不是被否认和被打击。法院才是讲道理的地方，而家里是讲爱的地方。

明白了这个道理，我改变了自己对待周先生的方式。当我发现他可能会做错事的时候，我不会立马站出来指正和批评，我会先表示自己支持他所有的决定，让他放心大胆地去闯，背后有爱他的老婆给他撑腰。即便后面周先生真的踩了坑，我也不会去责怪他，而是安慰和理解他，时间久了之后，我发现我们的关系发生了很大的改变。每次到了要做重要决定的时候，周先生都会主动征求我的建议，我们的沟通方式也从以前的针锋相对变成了心平气和地沟通。

我在夫妻相处和亲子相处的经验当中，总结到了一句非常有用的话：我不会用我的经验去代替他们的体验。不管是老公还是孩子，或者是职场关系，只要没有造成安全或法律的问题，我多数会支持、认同、鼓励他们多去尝试与体验，即使在有些实践里面跌跌撞撞，那有什么关系呢？他们不过是多了一些人生的经验，而这个想法和方式反而更能无为而治地孕育出来更优秀强大的伴侣和孩子。在关系里，不是为他们遮风挡雨才叫爱，而是让他们自己去体验风雨才是深爱，只有让他们亲身经历过风雨的洗礼，未来才能练就出为自己、为他人遮风挡雨的能力。

在和另一半相处的过程中，我们一定不要忘记，家里是讲爱的地方，而不是讲理的地方。两个人相处久了，矛盾和争吵一定是不可避免的，偶尔的争吵反而还可以增进夫妻之间的感情，但是如果事事都要分对错、辨是非，那么只会弄得双方都身心疲惫。当你和另一半讲道理的时候，就意味着你对了，伴侣错了，你在指责批判另一半，这样只会把伴侣越推越远，即使伴侣知道自己错了，也不想因为你指责的问题而去改变。不要和伴侣讲道理，要讲爱，你越支持、越信任、越理解，你的另一半就会越感激，而伴侣也会朝着你期望的方向变得越来越好，你们的婚姻也会越来越幸福，千万不要赢了争吵，却输了感情。

另外，我也想提醒各位男士，老婆是用来宠的，不是用来吵的，更不是用来进行"冷暴力"沟通压制的。她选择你作为老公，肯定是因为你爱她、疼她，愿意不顾一切地守护在她身边，而不是动不动就和她讲道理，纵使你有一亿个理由证明她是错的，但是如果她感受不到你的爱，你的道理又有什么意义呢？假如此时你能放下那一亿个理由，在非原则的问题上让一下她，那么你们生活中遇到的很多问题都会很容易解决。有一句话说得好，任何一个幸福的女人，都是被一个理解她、宠爱她、呵护她的好丈夫滋养出来的。顺便多说一句：女人是一个家庭中最重要的角色，女人心情好了，家里磁场就更好了，我们发现，老公越疼爱越尊重妻子，家里的财富也会越来越好。

同时我也要告诉各位女士，你的老公当初之所以选择你做妻子，也一定不是因为你擅长讲道理，而是因为你的温柔、可爱、善解人意……而你在结婚后却渐渐丢失了女性的温柔，开始与老公事事讲理，作为一心为家打拼的丈夫来说，他心里难免会不好受。进入婚姻的殿堂，如何经营好各种关系，这是女人一生的修行，这个功课女人们一定要攻克。

幸福的女人是会好好说话的，俗话说："赠人玫瑰，手有余香。"如果女人学会了好好说话，用心和稳定的情绪表达爱、释放爱，让家里被爱包围，那么我们女人就走在了真正幸福的轨道上。记住：好好说话不是为了别人，而是让自己内外兼修成为更好的自己。

送你一句家庭幸福经营哲学：家里不是讲理的地方，而是讲爱的地方！

/03

家暴的真相

在绝大部分人的认知里，家暴一定是施暴者的问题：暴力倾向、不爱惜伴侣、无法控制自己的情绪……但事实真的如此吗？在揭晓答案之前，我先分享一个真实的故事。

曾经有一个女学员找我和周先生哭诉，她说老公家暴她，不疼爱她，她每天都生活在地狱里，人生看不到一丝未来，希望我们能帮帮她。听闻她悲惨的经历，周先生对她十分同情，但随着沟通的深入，我们发现了问题所在，她全程都在提老公对她不够好，却完全没有提到自己的原因，更让我们无奈的是她亲口告诉我们，她因为被家暴和前夫离婚，本想重新开启一段美好的婚姻，可没想到再婚后老公还是打她，她绝望地告诉我们：男人没有一个好东西！

听完她的故事，周先生长叹了一口气，他语重心长地告诉女学员："如果你不改变，你信不信无论你换多少个老公，你都会遭遇老公的家暴！"

为什么周先生会这样说？因为我和他都非常清楚，不会游泳的人换泳池是没用的，不会经营婚姻的人换伴侣也是没用的。如果女人被一个男人家暴，那还可以理解为不幸的姑娘所托非人，是运气问题，但如果她的每一任老公都家暴她，那她自身也一定存在某些问题。

心理学上有个说法叫"受害者心理"，拥有这种心理的人，总是容易陷入自怨自怜的状态里，他们认为自己在生活里处处遭受着不公平对待，逢人就会说自己受到的伤害，以此来求得别人安慰，"你太辛苦了，你付出太多了，他真不应该这样对你……"他们在别人的同情里乐此不疲。他们坚信坏的事情一定会发生在自己身上，并总是以最恶意的心态去揣测对方的心理。一旦双方的关系失衡，他们就会推卸责任埋怨他人，这种受害者思维，本质上还是一种内在自我的匮乏，而出现这种思维的原因，可能和其童年经历有一定的关系。

想象一下，一个刚出生的小婴儿，饥饿的时候，由于还没有掌握系统的语言能力，只能通过大哭来表达自己的需求。父母听到哭声就会给其提供食物，长此以往，婴儿就会慢慢习惯用这种方式来向外人表达需求。如果后天没有正确的价值引导，就会一步步坠入索取的受害者角色里。小时候通过哭闹向父母索取，结婚后通过争吵和冷战向伴侣索取。把自己的喜怒哀乐全都寄托在他人的身上，总是渴望外人能按照自己满意的样子给自己回应。一旦对方无法做到，就会开启受害者思维，认为对方不爱自己，拼命地去找对方的原因，从而引发更加过激的举动。

在我接触的学员里，遇到了很多有这样心理的人。其中有一位女孩我印象非常深刻，她和我说，有一天半夜被孩子的哭声吵醒，原本她起身哄哄孩子就能继续睡个好觉。可是当她起身的那一瞬间，突然觉得自己很委屈，凭什么我去哄孩子，老公却安心躺着睡觉？有了这种心理之后，她开始放大老公的各种缺点，懒惰、不上进、不细心，并感叹自己的不容易，觉得自己才是一个好母亲，带着这样的心态她越想越气，把生活中的不愉快全部推卸到老公身上。气愤的她一脚踹醒了睡梦中的老公，并和他大吵了一架。这就是一种非常典型的受害者心理，一旦心态出现不平衡，就只会拼命地找对方的问题，从来不会在自己身上找问题。如果长期带着这种心态去生活，对方一定很想逃离，并害怕和你继续维持关系。

家暴的真相是什么？是先有受虐者，再有施暴者！我记得第一次告诉学员这个观念时，她们都大吃一惊。她们从来没有思考过，原来遭受家暴是自己内在的恐惧或者外在的激怒造成的，她们只会认为老公是个暴力狂，而一旦一个人失去了自我内省的能力，就永远不会窥见真实的自己。我常常告诉学员们，我是一切问题的根源，爱是一切问题的答案。很多人看似理解了字面意思却只停留在表面，她们没有找到内在觉醒的开关，只停留在通过语言表达，负能量释放，陷入无止境的抱怨里，那么生活也会变得越来越糟糕。

有非常多的家庭在经历家暴的时候，即使父母劝离，孩子也支持，但双方依然过着"施暴者和受虐者"角色纠缠的命运。原本认为受虐者一定恨透了施暴者，可后来发现往往是受虐者继续说道："我在试着给他机会，因为他已经答应我要改了。"可笑的是答应了多年从来没改，而受虐者还活在自己幻想的世界里。这种无底线的妥协，换来的不是施暴者的忏悔和改变，而是下一次的变本加厉。同样的事情，继续演绎，继续承诺，继续发生……就如同我经常说的：任何无底线的牺牲，只会衍生出更加无底线的操纵。如果不从根源上解决问题，那么即使给出建议也无济于事。

周先生曾问过我一个问题，他说："老婆，你要是遇到一个家暴你的老公怎么办？"当时我对他说的是："我就算遇不到你，我也不会遇到家暴我的老公，因为我的生命里面不带这个磁场。"但是有很多女人在遭到家暴的时候不反抗，之后又在对方拼命地认错和道歉之下心软，选择相信这就是最后一次被家暴，却不知家暴只有零次和无数次两种选择。从某种程度上来说，是她们自己允许这样的事情频繁发生在自己的身上，是她们自己吸引了这样的磁场。那如何改变这种磁场呢？首先，不管家暴的程度如何，都要做到对暴力零容忍的态度，在第一次发生时就及时止损，不要觉得对方是一时之过，用"他对我其实还是挺好的"进行自我欺骗，一定要彻底告别施暴者，保护好自己。其次，要反思一下自己的言行举止是否存在问题。当你的内心不充满恐惧，没有讨好者的心理时，当你觉得自己是原本具足的时候，没有人可以侵犯你的生命，也没有人可以对你进行语言上的攻击或者行为上的暴力。千万不要因为爱一个人，或需要一个人的爱，而让自己陷入受害者的角色里，你唯一需要做的，就是好好爱自己。相信我，只有你变了，身边的一切才会发生改变。

在这里，我再分享一个学员的真实故事，从她的故事里，你能更加清楚地看到家暴的真相。在这个学员六岁的时候，她母亲经常遭到她父亲的打骂，最严重的一次，母亲被父亲从楼上推下去瘫痪了，而她自己也因为阻止父亲的暴力行为，被父亲从楼上扔下，导致脖子有些歪了，后来，她外婆化了很多钱带她去各大医院治疗，才把脖子治好。

到今天为止，时隔近 40 年，她母亲依然非常恨她的父亲，从小到大她从母亲的嘴里听到的都是父亲有多糟糕、有多坏。换作大多数人，肯定会恨透了这样的父亲，但是这个学员现在却非常孝顺她的父亲。虽然她父亲做了很多对不起她们的事情，但是她看到的却是一个可怜的老人，因为控制不了自己的情绪，导致妻离子散，她可怜这个男人，也许她也发自内心地爱这个男人。所以，她背着母亲每个月都悄悄拿钱给父亲，并给父亲买了房子。后来，她父亲还娶了一个心地善良的后妈，而她也惊奇地发现，父亲再也没有过家暴的倾向，甚至脾气也变得很好。现在，她父亲非常爱她的后妈，也很爱她这个女儿，而且更加不可思议的是当她有了孩子后，她父亲和后妈还帮她一起照顾孩子，并且照顾得非常好。

为什么她父亲和母亲在一起的时候，又是家暴，又是打孩子，而换了一个人就不家暴，还变好了呢？这其实有很大一部分原因是她母亲内在的受害者心理和外在的激怒造成的，她母亲的语言里全是对她父亲的不认可、不尊重甚至摧残，而她父亲找的这个后妈不是语言的施暴者，她只是发自内心地去理解、去爱这个男人，如此，父亲和后妈才过成了灵魂伴侣的样子。之前，我的这个学员一直想改造她的母亲，希望母亲能从受害者变成身心富足者，希望母亲不要一直活在对父亲的怨恨里。但是她越想重建她母亲的心，她母亲的受害者心理就越严重，甚至觉得她极度不孝顺，她母亲把自己束缚在过去几十年的伤害里，活得极其痛苦。

　　这个学员通过成长修行，接受了父母和自己不同的课题，她允许妈妈恨爸爸，而她也用无条件的爱继续爱她的爸爸和妈妈。父母无法和解的事情，她却做到了"平衡式的独善其身"，成了自己生命中的责任者、承担者、付出者和创造者。我之所以讲这个故事，并不是说受到家暴全部是受虐者的错，或者施暴者之所以有暴力行为就情有可原，因为任何理由都不能成为实施家暴的理由，打人就是错的。我是想告诉大家，这个世界上最可怕的事情不是遭到了家暴的伤害，而是伤害已经过去，而你却无数次去回忆那个伤害来反复折磨自己。如果这个学员的母亲能够从受害者的角色里走出来，为自己的人生负起责任，成为生命的承担者，不再把自己的痛苦和不幸归咎于他人，明白自己所经历的一切都是由自己造就的，那么她就能释怀过去重获新生，活在当下。

　　事实上，每个人的世界都是自己内心允许的样子，比如担心是最大的诅咒，越担心什么越来什么。知道了这个定律，就要改掉担心的习惯和恐惧，而不是说就是不改变，然后又循环地抱怨："担心的事情果然又发生了。"如果我们总是活在"恐惧、愤怒、抱怨、受伤、委屈、愧疚"等负面情绪里，那么可想而知，不管是身体，还是心理以及情绪都将是一塌糊涂。反之，如果我们开始转念，活在积极的心态里，活出"感恩、爱、给予、付出、奉献、活力"等高频的能量，那么，我们的生命状态一定是绽放喜悦的！

/04
ABC 法则

什么改变了我的人生？我想，ABC 法则是重要的原因之一。当然，我并非天生就知道这个心理学的法则，直到有一天，在周先生的视频课程中了解到它，我才恍然大悟：原来我能有如此好的运气，就是因为无意中踏对了 ABC 法则的节拍。

有时候，学员会问我这样的问题：孩子成绩不佳，我感到很糟糕，该怎么办？老公不上进，我很苦恼，该怎么办？婆婆总是絮絮叨叨，我很烦恼，该怎么办？当她们问这些问题时，我常会反问：这些问题真的让你很烦恼吗？她们会疑惑地看我，不明白我的意思，但经过一番迟疑，最终还是点头。如果你正在读本书，可能也会有同样的困惑。

是不是这些事情应该让我们烦恼？这正是我想讨论的关键点。ABC 法则是一种基本的认知模型，用于解释我们如何看待事物：A 是事件，B 是看法，C 是结果。例如，你的孩子成绩不好，这是事件 A；你心情不好，这是结果 C。那么，是什么导致你心情不好呢？是事件 A，也就是孩子成绩不好这件事情吗？其实不是。因为不是所有的父母都会因为孩子的成绩不好而感到难过。实际上，导致你心情不好的主要因素是你的看法 B，你认为孩子的成绩不好是一件很糟糕的事情，因此你心情才会不好。

许多人一辈子都不能理解这个道理。她们总是认为心情不好是因为孩子的成绩不好所引起的，因此不断地给孩子报各种补习班，试图通过改变事件 A 来改变结果 C。孩子的成绩不好，就每天请补习老师，直到自己满意为止。这种做法，如果幸运的话，孩子的成绩可能会有所提升。但如果不幸的话，可能会导致亲子关系越来越紧张，孩子与父母的关系越来越疏远。

当一个人倒霉的时候，好像一切都不顺利。还没处理好孩子的事情，老公又出现了问题。为了改变糟糕的心情，开始整天和老公争吵抱怨，甚至在老公身上安装窃听器。结果发现，这种处理方式不仅没有挽回与老公的亲密关系，反而加深了夫妻之间的裂痕。老公的问题还没有解决，老人又生病了。想着把老人的病治好了，自己就能没烦恼了。但最后自己也生病了，总觉得人生的烦恼无穷无尽，永远解决不完。

这并不是一个极端的例子，而是无数普通人的一生。少年时有少年的烦恼，读书时有学业的压力，工作后有前途的迷茫，成家后有家庭琐事，年老后有后代的发展。我们一生都被这种负面思维干扰。如果不能理解 ABC 法则，总是试图通过改变事件 A 来改变结果 C，最终会发现，让我们烦恼的事件 A 会一直出现。所以，我们应该做的是改变看法 B。

我经常说一句话：在这个世界上没有任何人和事可以伤害到你，唯一伤害到你的，是你对这个人和这件事的看法、态度和认知决定的。曾经有个流传很广的故事，一个老太有两个女儿，一个卖草帽，一个卖雨伞。每当出太阳的时候，老太太就会担心卖雨伞的女儿没生意，每当下雨的时候，老太太又会担心卖草帽的女儿没生意。所以无论是晴天还是雨天，老人都不开心，就这样陷入了担惊受怕的循环里。直到有一天有人告诉她，你真是有福气啊！下雨的时候卖雨伞的女儿生意火爆，出太阳的时候卖草帽的女儿生意火爆，我好羡慕你。老太太听了这话立马开心了起来，从此再也没有陷入担忧的情绪里。

这个方法可能听起来很简单，但实际上是非常重要和有效的。我们不应该盲目地接受自己的首要看法，而应该花时间思考自己的情况，并问自己：这是真的吗？这是唯一的解释吗？还有其他可能的解释吗？真的有必要为这个事情感到糟糕吗？如果学会用这种方式思考问题，就更容易地找到答案，而不是被自己的首要看法迷惑。

这种方法不仅适用于解决个人的问题，也适用于解决我们在社会中遇到的问题。例如，你可能会看到一条新闻，它报道了一个非常严重的事件，这个事件可能会影响你的社区、你的国家，甚至是整个世界。你看到这条新闻，立刻感到非常糟糕，认为这个世界完了，没有希望了。但是，如果你能够采取一种不同的思维方式，就可以看到这个事件的另一面。

例如，你可能会想：这个事件让我看到了社会的一些问题，这是一个警示，让我知道需要做些什么来改变这个状况。或者，这个事件让我更加珍惜所拥有的，让我更加努力地去争取自己的权益。当你能够以这种积极的心态来看待问题，你就不再是一个被动的观众，而是一个积极的参与者。你可以找到解决问题的方法，而不是被问题压倒。

如果能够以这种思维方式来面对生活，就可以变得更加幸福，更加满足。我们不再是被命运推着走的人，而是能够掌握自己命运的人。我们可以选择不被负面的事情影响，而是用它们作为自己成长的历练。

所以，如果你正在面对一个看起来非常糟糕的情况，不要放弃，试着用一种不同的思维方式来看待这个问题。问问自己：这个事件有什么好的一面？它可以教给我什么？如果你能够以这种方式来思考问题，就会发现，即使是最糟糕的情况，也有可能变成一个非常宝贵的经验。

这种思维方式不仅可以帮助我们解决问题，还可以帮助我们更好地了解自己。我们不再是被情绪驱使的人，而是能够控制自己情绪的人。我们可以选择不被负面的事情影响，而是用它们作为让自己成长的机会。这是一种非常宝贵的能力，需要我们不断地练习和加强。

　　还有一个非常重要的点，我们不仅要对自己的生活负责，还要对周围的人负责。这意味着我们不应该仅仅关注自己的需求和欲望，而是要考虑到其他人的需求和欲望。我们需要学会与其他人合作，而不是单打独斗。

　　对于生活，我们也需要一种不同的态度。我们不应该总是抱怨生活有多糟糕，而是要学会欣赏所拥有的一切。以这种积极的心态来面对生活，就会发现，我们的生活也会变得更加美好。

　　这种心态不是一蹴而就的，而是需要不断地练习和加强。我们需要学会看到事情的积极面，而不是总是关注负面的方面。我们需要学会欣赏所拥有的，而不是总是羡慕别人。我们要珍惜现在的时光，而不是总是惦记过去或担忧未来。

　　总的来说，心态对生活有着极大的影响。如果能够以一种积极的心态来面对生活，就可以过上一种更加幸福、更加有意义的生活。因此，我们应该努力培养积极的心态，这样才能真正地掌握自己的命运，成为自己命运的主宰。

第十篇

|BETTER|

遇见更好的自己

/01

婚姻是一个人的修行

电视剧《我的前半生》中有一句让我印象深刻的话："没有任何人会成为你以为的，今生今世的避风港，只有你自己，才是自己最后的庇护所。"

这些年来，我辅导了成千上万个家庭，作为妻子，她们人生的不如意，大多是因为把自己的喜怒哀乐寄托于他人。丈夫的语气、孩子的行为、婆婆的态度，这些都能成为她们糟糕心情的缘由，每当此时，我都会语重心长地告诉她们：亲爱的，婚姻其实是一个人的修行，和外人无关。

当她们听到这句话时，大多会露出错愕的表情，正如现在读到此处的你。因为如果婚姻只是一个人的修行，那前面我讲了那么多夫妻相处之道，岂不是毫无意义？其实二者并不冲突。

我和周先生看待任何问题都会从道、法、术、器四个维度出发，道是问题的根源，法、术、器是操作的方向和方法。婚姻中夫妻相处的方法，了解男女的差异，沟通的艺术，这些就是婚姻的法、术、器，而自己内心的修行，这才是婚姻的道。觉醒前，婚姻是两个人的协助；觉醒后，婚姻是一个人的修行。

很多学员总问我："杨老师，如何才能找到灵魂伴侣？"坦白讲，我不太愿意回答这样的问题，虽然我也会告诉她们好男人有哪些特质，但我的心里非常清楚：灵魂伴侣不是找来的，而是修来的。

如果我们总是试图从另外一个人那里获取幸福，来弥补自己人生的不完整，那恰恰说明我们本身内心缺乏力量，所以才需要别人来改善和补充。当你在追求理想的另一半时，其实传递的信号就是，我的人生还不够理想，我需要他人来帮我补足。一旦长期抱有这种心理，那就会把注意力集中在对方身上，而忽略了自己内心真实的需求。比如，当老公下班去应酬，很晚还没回来时，你的内心会生出抱怨，凭什么我在家带孩子，他却去外面逍遥快活？当你有了这种想法后，就会对老公心生不满，日积月累，总有一天矛盾爆发，最终影响夫妻的感情。

其实，这个时候应该好好思考一下，为什么会抱怨？是因为老公去应酬这件事不好吗？并不是，是因为老公没有成为自己想象中的样子吗？在我们的脑海里，老公应该勤奋、善解人意、理解和包容自己。一旦有了这种想法，就意味着我们潜意识里有了控制、改造老公的念头，期望通过改变老公，来让自己感到更开心、更幸福，这本质上还是一种内在的匮乏。

真正觉醒的人，知道婚姻是自己一个人的事，只有让自己的内心变得完整、安全、有爱，不管遇到的伴侣是谁，都能过得很好。

有人说："杨老师，你是因为找到了周文强老师这么优秀的人做老公，所以你才会如此幸福，如果你遇到的人不是周文强老师，可能你就没那么幸运了。"我想告诉大家一个真相，那就是不管我选择和谁在一起，我都会很幸福，不管我嫁给谁，谁都会像周文强老师一样优秀，而这才是每一个人在婚姻里应该有的自信和配得感。一个内心丰盛富足懂得经营自己的人，不管和谁结婚都能把日子过得充满诗意，而一个内心匮乏不会爱自己的人，无论跟谁过日子都是一地鸡毛。

自己的快乐和幸福不应该寄托在老公那里，当老公出去玩的时候，我们要知道那是属于老公自己的快乐。如果我们也想要收获快乐，那就应该去做让自己高兴的事情，比如说逛街、看书、听音乐等，而不是试图去改造老公。如果你总是试图去改造对方，你会发现，当你越希望对方按你期望的方向改变的时候，你就会越痛苦，而当你只专注自己的成长时，反而可以让自己的身心更加轻松愉悦。

婚姻本质上就是通过一段亲密关系，让我们学会理解和包容对方来成就自己，而不是想尽一切办法去改造对方来满足自己。成为更好的自己，拥有自己的价值感、安全感和配得感后，你对伴侣的要求和期待就会少很多，你们之间的矛盾和冲突也会越来越少。永远要把内省对照自己，而不是别人，当我们对照自己找答案的时候，就会找到真正的答案，从而去践行真改自己，获得新的成长和新的生命状态，这样就不会因为另一半的言语、行为、态度来决定自己是悲伤还是快乐。

生活中很多婚姻不幸福的根源，都来自想要改造另一半，让另一半变成自己想象中的样子，抱有这样想法的人，最后一定会身心疲惫。这个世界上每个人的成长环境、家庭背景都不相同，没有一个人是为我们量身定做的。如果总是带着改造者的心态去经营家庭，那一定会让矛盾和冲突越来越大，我们唯一要做的，就是接纳对方，改变自己。我们心心念念找寻的"灵魂伴侣"，不过是在红尘世界寻找的另一个自己，当你找到自己、接纳自己、懂得爱自己，并先让自己变得优秀时，你就会遇到那个和你拥有同样光芒的伴侣。

要想婚姻幸福美满：第一步，不把要求对向伴侣，只把要求对向自己。改变自己很简单，但改变别人会让自己很痛苦，当你真正走向身心灵的自我成长的时候，你不会对任何人有要求，只会对自我的成长有要求，你就会感觉到很幸福；第二步，不要约束你的伴侣，要让你的伴侣成为最好的自己；第三步，好好爱自己。

去做想做的事情，做能让自己开心的事情。让自己强大起来，让自己的内心变得更完整。这样不管和谁结婚，都可以按照自己的意愿而活，也能给自己足够的安全感，不用看任何人的脸色行事，也不会在感情里患得患失，日夜担心另一半会离自己而去。婚姻看似是嫁给了对方，本质上还是嫁给了自己，你嫁的是你的认知，当你开始成长自己、完善自己，让自己的内心足够丰盈时，那个合适的伴侣就会来到你的身边。

所谓的夫妻关系、亲子关系、婆媳关系，表面看都是两个人的事，其实归根到底都是你一个人的事，是你的内心世界创造了外在所有的一切。伴侣的好与坏是你创造出来的，孩子跟你之间是报恩的还是讨债的也是你创造出来的，公公婆婆是支持你还是跟你对立也是你创造出来的。只有当你有一天能觉察到自己才是人生的创造者的时候，幸福人生才算真正开始。

/02
爱的三重境界

在生活中，有没有听到过这样的话："你对我的好，还不足以让我对你好""谁对我好，我就对谁好""我对你好，你就应该对我好""你对我不好，我凭什么要对你好"，等等。世界上超过 80% 的人都带有这种交换、索取的心态。

为什么父母对孩子的爱会被视为世间最纯粹的爱？在大部分人的眼里，世界上大部分的感情都是有代价的。你维护友情，可能会希望朋友在关键时刻能帮自己一把；你追寻爱情，可能会希望爱人能爱你、宠你、照顾你。至于生意场上的交情，那就多了更多利益的交换和得失的权衡。只有父母对孩子的爱，是一种无条件的爱，从孩子呱呱坠地到长大成人，父母几十年如一日地关心照顾，却从没想过能从孩子身上得到什么，只是单纯地希望孩子能过得好，这种纯粹的爱，是最为珍贵的东西。

人们都希望得到别人给予的无条件的爱，自己却很难做到无条件地爱别人。我也曾陷入索取爱和交换爱的境地，我曾经认为周先生不够爱我，所以我也不想对他付出，直到我遇见了一位心灵导师，他只用一句话就点醒了我。

我现在还清晰地记得那天的情形，我对老师说："老师，我觉得我老公不够爱我，我应该怎么办？"老师看了我一眼，嘴里缓缓吐出一句话："那你就去爱呀！"

我愣在了原地，以为老师没听清楚我表达的意思，停顿片刻后我继续说了一遍：

"老师，是我老公不够爱我。"

老师闻言还是重复说："那你就去爱呀！"

我内心有点不快也有点迷惑，就再一次强调了一遍："老师，您能听懂我的意思吗？我觉得是'他'不够爱我。"

没想到老师还是继续说："那你就去爱呀！"

我反复地问，老师反复地回答……

老师全程只重复说了这一句话，却让我感觉被闪电击穿了身体一般，所谓的醍醐灌顶大概便是如此。"那你就去爱呀！"外人听起来似乎是答非所问，但其实老师是想告诉我：这个世界上什么都没有，只有我自己，外在所有的一切都是我内心世界显化的结果，爱是我需要先去爱自己，爱是我需要先去爱别人，爱不是等着别人来爱我，而是我就是爱本身，如果我感觉到缺爱了，那我就去爱呀！

如果我觉得别人不够爱我，想通过改变他人的方式来满足自己，那我就还停留在索取的爱和交换的爱的层次，而真正的爱，其实是无条件的。我在课程现场反复提到过一个观点，在爱的修行过程中，有三重境界，爱的第一重境界：要求就要得到，这是一种索取的爱。不断地向父母和伴侣索取，不断地要求他人给予自己爱，如果没有得到，就像小孩子要不到礼物一样又哭又闹，小孩子事后安抚一下、转移一下注意力，事情在不知不觉中可能就过去了，但是大人却不同，他们会陷在索取的黑洞里面永不满足，总觉得自己缺爱，总觉得伴侣不够爱自己，总觉得父母对自己有亏欠，这种人不断地去索取，最后反而会离幸福越来越远，活得非常痛苦。

爱的第二重境界：付出就要有回报，这是交换的爱。到了这个境界，我们会意识到世界上除了父母没有人会无缘无故地对我们好，我们在付出爱的时候，会希望对方也能用同样的方式对待自己，一旦不能合自己心意，矛盾就会产生，世界上绝大多数夫妻的争吵其实都是源自这里。"你对你爸妈那么好，你对我爸妈怎么就一点都不上心？""我做了家务活，你干了什么？""我给你准备了节日礼物，为什么你没给我准备？"这些类似的话相信是每一个家庭的日常沟通话术。如果停留在这个境界，那么一定会遇到无穷无尽的矛盾。

爱的第三重境界：付出不求回报，进入无条件的爱，才是爱的最高境界。当我从老师那里明白这个道理的时候，我开始内观自己，原来婚姻不是两个人的事，而是我一个人的事，原来付出比得到更快乐。我从"要求就要得到，索取的爱"进入"付出就要有回报，交换的爱"，再到现在我终于迈向了人生一个新的境界叫作"付出不求回报，进入无条件的爱"。

当我开始做到付出不求回报，只是全然地活出爱本身，活出无条件付出爱的生命状态时，我反而收获到了更多的回报。起心动念变了，周围的一切就都变了。我不再要求老公每天必须给我发消息，而只是自己去付出，结果老公每天都会主动给我发信息；我不再要求公公婆婆对我更好一点，公公婆婆却把我这个儿媳妇看作比女儿都亲。这时候我才发现，当我不带任何目的，只是全身心去爱的时候，我的存在对于周围的人都是一件美好的事情，亲戚们也会经常告诉我，你要好好爱自己！因为你给我们的爱太多太多了，你总是在爱我们。

很多人认为自己的爱是有限的，不能分给太多的人，只能对自己身边亲近的人好。其实这是错误的认知，爱是无限的，爱是没有时间、空间限制的，爱是一切，爱是只要你想，你的存在即是爱本身。

在亲密关系中，我终于懂了：我爱你是我的事，你爱不爱我是你的事，我不会因为你爱不爱我这件事而纠结，我只要做好我爱你这件事就好。我终于明白：爱你不是你需要，而是我需要。当你觉得爱别人是自己的事的时候，别人回不回馈，你都会很开心。这让我想到了纪伯伦的那句经典名言：如果有一天，你不再寻找爱情，只是去爱；你不再渴望成功，只是去做；你不再追求成长，只是去修，一切才真正开始！

但是，无条件的爱别人的前提是首先要学会无条件地爱自己，只有真正明白被无条件爱着是什么感觉，才能无条件地爱别人。心理治疗师萨提亚写过一首诗，名叫《如果你爱我》：

请你爱我之前先爱你自己

爱我的同时也爱着你自己

你若不爱你自己

你便无法来爱我

这是爱的法则

因为你不可能给出你没有的东西

你的爱只能经由你而流向我

…………

宣称自我牺牲是伟大的

那是一个古老的谎言

你贬低自己并不能使我高贵，

我只能从你那里学到我不值得

自我牺牲里没有滋养

有的是期待、压力和负担

若我没有符合你的期望

我从你那里拿来的便不再是营养

而是毒药

它制造了内疚、怨恨，甚至仇恨

我愿你的爱像阳光

我感受到温暖、自在、丰盛、喜悦

我在你的爱里滋养、成长

我从你那里学会无条件地给予

因为你让我知晓我的富足

与那爱的源头连接

永不枯竭，永远照耀

…………

这首诗让我们知道一个不接纳自己、不肯定自己、不爱自己的人，对外界也一定会有着非常强烈的苛责和否定，这种否定会蔓延到与父母、伴侣和孩子的关系里。在这种情况下，你付出的"爱"并不能滋养他们，反而会把他们越推越远。要想付出无条件的爱，必须先爱自己，只有爱好了自己，才能给出源源不断的爱，给出的爱才能滋养他人。

除此，我们还必须知道无条件的爱不是盲目的爱，它并不是让我们无视对方的所有优点或缺点不顾一切地爱，也不是让我们时时刻刻必须满足对方的任何要求，它是建立在平衡之道的基础之上的。

如果无条件变成了无底线，甚至是放纵，这样的方式，不管是对待父母、孩子、伴侣，或是人际当中的其他关系，会收获另外一个真相："为什么我爱的人，要伤害我？"要想从索取的爱，进入交换的爱，以及到达无条件的爱，一定要有身心灵的成长。如果没有身心灵的成长，这个世界上没有任何东西可以帮到你，因为所有不用心的爱都治标不治本，唯一治本的是内在的修行，是内在的觉醒，是内在觉得自己想成为一个什么样的人。只有进入无条件的爱，人生才会圆满。

/03
关系里的投射原则

人生就像荧幕上播放的画面，而画面的好坏取决于选择什么样的影片，以及在观看时是否有一个良好的心态全身心投入其中。就像出生在什么样的家庭、遇到怎样的父母、经历怎样的境遇，这些都是自己无法选择的，但用什么样的心境和行为来经营生命中发生的一切，却是自己可以选择的。心中装着什么样的世界，外在就呈现什么样的世界，这就是投射原则。

古人曾说："大千世界，皆为虚幻，凡有所相，皆为虚妄，见相非相，既见如来。"世界是客观存在的，但每个人眼里的世界又是千差万别的，为什么会出现这种差异？因为每个人对世界万物的理解和认知是不一样的，正如莎士比亚说的："一千个人有一千个哈姆雷特。"

苏轼和高僧佛印就有一个流传千古的故事。有一天，苏轼和佛印一起打坐，苏轼问佛印："你看看我像什么啊？"佛印说："我看你像尊佛。"苏轼听后哈哈大笑，转而看着体态肥胖的佛印说："你知道我看你坐在那儿像什么吗？你就像一摊牛粪。"回去后苏轼就和妹妹炫耀这件事，没想到苏小妹冷笑了一下对哥哥说："你知道参禅的人最讲究的是什么？是见心明性，你心中所想就是你眼中所见。佛印说看你像尊佛，那说明他心中有尊佛，你说佛印像牛粪，那你的心里有什么？"苏轼听完后羞愧不已。

我们表面看似在和世间万物打交道，实际上终其一生都是在与自己的思维认知打交道，你的认知决定了你的处境，你的认知决定了你世界的变现。我常常说，我们与自己的关系是我们与世间万物的关系，只有明白了这个道理，才能明白关系的投射原则到底是什么。

从十一岁开始，我就和后妈生活在一起，虽然不是后妈的亲生女儿，但后妈教会了我很多东西。小时候家里穷，周围的人不仅不帮忙还落井下石，当时的我内心充满了怨恨，但后妈告诉我，没有人有义务帮助我们，我们不要记住别人不好的地方，要多念着别人的好。正是她的引导把我拉回了正轨，让我没有成长为一个受害者、抱怨者的角色，我的正面思维也有一部分来自后妈的教导。虽然我的亲生母亲很早就离开了我，但我在与"母亲"的链接方面并不缺乏，这也是后面我能处理好婚姻关系的根源。

如果你此刻在婚姻和事业上都不如意，很可能是因为你与父母之间的关系不顺畅，你需要做的就是和解与父母之间的"恩怨"，无条件地爱父母。有人可能会说："杨老师，虽然你亲生母亲的去世让你失去了庇护，遭受了一些亲人的冷眼、同学的欺负，有过很多负面的童年记忆，但是你奶奶很爱你，爸爸也很爱你，你的后妈也爱你，所以你能和父母建立良好的关系，而我的父母从小对我就非常不好，他们带给我的除了伤害还是伤害，那我还要对他们好吗？"我想告诉你一个真相，或许你不信，但这是事实，就算我父母不爱我，对我非常糟糕，我也会对他们很好。

有时候父母不是对我们不好，而是他们不懂得正确地表达爱。试问一下，我们都不确定谁的明天会更长一些，甚至还有没有明天，如果只有这个当下的时候，你是否还愿意用指责、抱怨、挑剔、索取对待身边的一切？接近爱就会收获更多的爱，接近恐惧就会收获更多的恐惧，恐惧也是因爱的分裂而来，既然如此，我们为什么不能好好爱身边的家人呢？

我们的父母在原生态家庭里面做了100件事，即使有99件都是错的，但有一件一定是美好的，那就是生下了你，因为他们，你才能活在这个世上，才能修行、成长、改变、重生，才能看到我写的这本书，才能走向生命的觉醒。当你觉醒以后，就会意识到不管父母是对的还是错的，在修行上都是对的，即使父母在一些事情上打压、不理解你，用错误的方式来对待你，但这并不影响你已经觉醒的生命变成一个更好的人，成为无条件孝顺父母的人。

我们永远没有资格谈原谅父母，因为当我们在探讨原谅父母的时候，其实就代表在潜意识层面有恨，在强调和证明父母是错的，自己才是对的，所以才有了原谅父母的说辞。而这股能量的拉扯，反而会让我们更消耗，我们唯一需要做的就是无条件地对父母好。孝顺父母、供养父母是我们在这个世界上最大的运气和福报，爱父母才会让我们原本具足。

我们和父亲的关系，就是我们和财富、事业的关系；我们和母亲的关系，就是我们和婚姻、社交的关系。如果今天你还在为婚姻和事业不顺而发愁，不妨回过头来思考一下和父母的关系，父母是我们来到这个世界的起点，只有找到了生命的"根"，很多问题才会迎刃而解。建立与父母爱的连接是最重要的人生课题。

/04
永远做个善良的人

在目及之处，存一丝善念，在一步之遥，伸出一双手。也许你所做的，只是不经意间的一个善意或善行，却可能在无形中改变一个人的命运。

我很小的时候，因为受到过一些亲戚长辈的指责、打压和否认，让我感到很沮丧，我开始质疑自己，觉得自己不够好，内心世界充满了自卑，对未来也充满了迷茫和恐惧。同时，我也对那些指责我的亲戚、长辈产生了一些不满和怨恨的情绪。当我被这些负面情绪困扰，内心特别受挫时，后妈跟我说了一句话，让我铭记至今，她说："韵冉，你要看到那些善的部分，你要看到他们其实不是不爱你，也不是在伤害你，而是他们根本不知道怎么爱你，他们可能觉得当下做的事情就是对你好的方式。"不管经历什么，后妈总能教我看见善的那一面。

在她的熏陶下，我进入社会后，也一直在尽己所能地去帮助他人。在工厂打工时，虽然我并没有多少钱，但只要看到街边有人乞讨，还是会毫不犹豫地给予帮助。晚上回家的路上，只要看到有老人卖菜，如果没有留下太多的话，我都会选择全部买完，让老人早点回家。当自己做了企业，有了些许成就后，我和周先生更是尽自己所能地参与公益慈善活动。

2013 年，我们在湖南省武冈市捐赠了第一所"新思想"希望小学。为何会选择捐在这里呢？这还要从周先生的一个学生说起。有一天，周先生在上完课后，突然有个学员找到他，激动地说："周老师，听您上课的时候说，您想把财商普及到学校，您能到我们学校为我们那里的孩子讲一下财商吗？"把财商教育带进学校，让孩子们从小具备财商，是周先生心中所渴望的，他非常高兴地答应了这个学员的请求。

当我和周先生抵达那所学校时，映入眼帘的景象让我们很吃惊。整所学校只有一间办公室，大大小小的孩子们挤在极其简陋的教室里上课，墙壁上已经出现了好几条裂缝。我们跟着那个学员在村里转了一圈，发现村子里大多都是老人和小孩，几乎看不到成年人的身影。那个学员告诉我们，这里的年轻人都外出打工了，有的孩子可能一年都见不到自己的父母。他对周先生说："周老师，我之所以邀请您来我们这里讲财商课，就是想让这些孩子升起梦想，我想让他们长大以后不为钱而烦恼，不再步他们父母的后尘。"

在破败简陋的教室里，周先生决定将自己那一年赚的钱捐给当地盖一所新的学校，让孩子们拥有一个更好的学习环境。捐希望小学对我们而言，可能只是一个很小的动作，但影响的可能是孩子们的一生。2015 年，我们在四川省甘孜州德格县捐赠了第二所希望小学。2016 年，我们又在河南省辉县市捐赠了第三所希望小学。受到周先生的感染，我们身边越来越多的企业家也参与到了捐赠希望小学的行列。至今为止，我们的学生在全国范围内捐助的希望学校也越来越多。

除了让山区的孩子们有更好的学习环境外，我们觉得帮助他们升起梦想、开阔眼界和提升内在力量也非常重要。2020 年，我们给湖南省沅江市的 50 多所学校捐赠了课外书。我们认为课外书是给孩子们增长知识最直接的途径，也是带领他们领略广袤世界成本最低的方式。

小时候家里很穷，我也从未想过要出去看看外面的世界。直到我上小学五年级，跟随父母来到市里念书，在这个新的学校里有一间图书室。我在图书室里看了非常多的课外书，如《安徒生童话》《伊索寓言》《格林童话》等，也读了大量的人物传记，正是这些书不断拓宽我的视野，让我认识到外面的世界很大很大。

进入社会后，我又读了很多企业家的人物自传，通过读成功人士的自传，让我体会到了他们如何在困境中坚持，如何在失败中不断反思，如何积极面对各种难题并最终走向成功的。这些积极向上的思维方式，始终激励着我在困难面前不能轻易放弃，而是要坚持不懈地去追求自己想要达到的目标。

在这里，我想分享对我的人生有着很大影响的三本书。第一本是《拿破仑·希尔成功学全书》，书中用18个法则涵盖了人类成功所需的主观因素，包括心态乐观、明确目标、积极主动、直面挫折、不断进取、充满激情、相信自己、学会带队、完善个性、控制自己、注重实效、懂得理财、身心健康、协作共赢、敢于想象、专心专一、敢于创新、改良习惯。当我遇到困难时，我会想起书中的"直面挫折"，告诉自己要勇敢面对，不要轻易放弃；当我懈怠时，我会想起书中的"不断进取"，告诉自己要不断学习；当我需要与他人合作时，我会想起书中的"协作共赢"，告诉自己与他人合作要实现共赢……至今我仍时时提醒自己，要把这些法则切实执行在我的人生中。第二本是戴尔·卡耐基的《人性的弱点》，这本书让我明白了做好销售的核心就是要了解人性。当我开始从人性出发做销售时，我很轻松就成了公司持续的销售第一名，周先生也是在看了我推荐的这本书后，销售业绩开始大幅度提升。不论干什么，只要还与人打交道，你都得或多或少懂点人性，这样你才能让自己拥有良好的人际关系，从而生活得更好。第三本是罗伯特·清崎的《富爸爸穷爸爸》，这是我先生无数次提到改变他命运的书，而我在看了他推荐的这本书后，也升起了"财富自由"的梦想。之后，我又看了《富爸爸》系列的更多书籍，让我对金钱有了更透彻的了解，它带给我的不仅仅是正确财富观念的养成，更是正面思维和正面习惯的建立。

我和周先生命运的转变都源于不断地看书学习，我们的孩子每年都会阅读几十本课外书。2023 年，周先生又与共青团下设的一个儿童慈善基金发起一个"阅读阅中国"的活动，我们再次给学校捐了课外图书室，里面不仅有各种名著经典，还特别有商业类、人物传记类以及改变我们读过的书，我们希望能尽自己的一点力去帮助更多的孩子，让他们能从这些书中去找到自己的为人准则和处世之方，让他们未来的人生之路因为有书的陪伴，变得更加精彩。

　　周先生常说："我为这个社会付出了什么是小公益，我为这个社会激发了什么是大公益。"而这个世界越来越多良善的人，正在因为我们点滴的传承变成了更加有爱、更加善良、更懂孝顺父母、更愿意付出回馈社会的人。我希望每个读到本书的人，都能和我们一起进入幸福传承、爱的传承……

/05

奶奶的爱，很暖

奶奶一直抚养我到十岁，她教我走路、说话，送我上学，陪我长大。奶奶最先教我做人的基本道理。摔倒时，奶奶走过来扶起我、安慰我；伤心难过时，奶奶想尽一切办法逗我笑；生病时，奶奶照顾着我；孤独时，奶奶给了我温暖的陪伴……奶奶给了我无穷无尽的关怀。那时，我喜欢给奶奶捶背揉腰，喜欢趴在她的腿上听她讲有趣的故事，喜欢她牵着我的手走街串巷，喜欢和她在一起的所有时光……

在奶奶的众多儿孙中，我是她最疼爱的孙女。在周围的人对我冷嘲热讽的时候，奶奶挡在我的身前为我遮风挡雨；在我受到委屈时，奶奶站在我的身旁抱着我、护着我，正是奶奶的这份厚重的爱在我不幸的童年里种下了一颗温暖的种子。这10年里，我热闹了奶奶的孤独时光，奶奶给了我温暖的陪伴。

在我十一岁的时候，父亲将我接到市里面去读书，奶奶尽管不舍，但还是忍着泪水为我收拾好行李。人人都说时光会冲淡一切，但是在和爸爸妈妈生活的那几年里，奶奶在我脑海里却愈发清晰，我常常想念奶奶，躲在被子里偷偷哭泣，每逢放假，我的首要任务便是去看望奶奶，向她讲述我遇到的趣事，尽管我与奶奶的对话很平常，但却无比温馨。

进入社会后，虽然不能像以前那样频繁地回去看奶奶，但只要一有时间我就会回奶奶家，陪奶奶聊聊天、谈谈心、散散步。为了让奶奶有更好的生活环境，我努力地工作，赚到钱后，第一件事就是帮父母在市里买了一套房子，将奶奶接到市里面生活，让她享福。一开始，奶奶并不愿意跟着父母去市里面，于是，我每次回家就先去看奶奶，然后再回到父母这边。但由于我每次回家的时间都不长，父母和奶奶又没住在一起，导致我好不容易回一次家不能同时陪伴奶奶和父母。为了平衡好陪伴父母和奶奶的时间，我对奶奶说，以后我回家她就来市里面住，奶奶答应了我的请求。为了陪伴我，奶奶离开了她生活几十年的地方。不管是之前回农村的家，还是后来回市里面的家，只要看到我回来，奶奶都特别高兴，她总是把好吃的都留给我，而我也会把自己遇到的喜乐都跟奶奶分享，我习惯性地会对家里人报喜不报忧。每次，奶奶都会和我说，你要好好照顾自己，在外面少想点家里的事，自己要活得开心，把自己养得胖一点……奶奶对我的爱平常、简单，但却给了我满满的幸福。

只要待在奶奶的身边，我就会感到无比的温暖；只要想起奶奶脸上开心的笑容，我的心情就会如同阳光般灿烂。在最无助、困难的时候，我的脑子里首先浮现出的就是奶奶的身影，就会想起小时候曾为奶奶许愿："奶奶，等我长大挣了钱，我给你买衣服，买很多好吃的，我要让你过上好生活，我要让所有不看好我的人知道你对我的抚养是值得的……"这个愿望坚定了我让奶奶过上更好生活的决心，让我充满力量。

如果没有奶奶，可能也就没有今天的我，要是当时没有奶奶的悉心照顾，我也长不了这么大，是奶奶给我童年的成长带来了无微不至的关爱。我之所以能够走得远，能够有所成就，是因为奶奶无条件的爱，给了我生命温暖的底色，给了我奋力前行的勇气和动力。无论我做什么样的决定，奶奶都会在背后默默地支持我、鼓励我，也正是因为奶奶爱的陪伴，我才能一路披荆斩棘，奶奶的爱和关心在我的心中弥足珍贵。虽然从身份上她是我的奶奶，但其实对我而言，奶奶扮演了母亲的角色，她给我的爱甚至超过了她对自己儿女的爱。

奶奶疼我、爱我，一有什么好东西，第一个想到的都是我。小时候，奶奶得到什么好吃的，舍不得自己吃，总是留给我，看着我吃了她就很高兴。从小到大，我最喜欢与奶奶睡在一起，把手塞在奶奶的手里，奶奶的手总是暖暖的，让我感觉整个世界也都是暖暖的。

当有人问我最爱家里的哪个人时，我会毫不犹豫地回答："最爱奶奶"。奶奶那慈母般温柔的笑容，为我日夜操劳的身影，深深地烙印在我的心底，永远也不会忘记。奶奶心性善良、和蔼可亲，从来不曾与人结怨，对待他人总是面带微笑，不管多大的苦难在她的面前总能轻松化解。奶奶常常教导我说，别人给我们一个鸡蛋，我们要回报别人一箩筐鸡蛋。奶奶是一个非常普通的老人，但她却给了我不普通的爱，她给我的爱就如旭日般温暖、和煦而祥和，能把一切怨恨都化解，也能把一切烦恼和不愉快统统都赶跑。

在我的生命中，奶奶就如空气般重要，我从不敢想象，她某一天会离开我，但是在 2021 年 7 月 13 日这天，这一刻就这么毫无征兆地降临了，最爱我的奶奶永远地离开了我。

那本是一个极其平常的上午，奶奶砍完柴，回到家和邻居们打了一会儿牌。临近中午的时候，奶奶也没有吃多少东西，她说有点累了，让别人接过她的牌帮忙打一下，她就在躺椅上躺了下来。邻居们打了一小会儿，也就散场各自回家去了，看着正在休息的奶奶，大姑不忍心打扰，就下去捆了一捆柴火，大约 20 分钟的时间，大姑再上来的时候就看见奶奶的手垂下去了。她大声地叫着奶奶，可奶奶却再也没有醒过来，奶奶就这样平静地走了，走的过程当中没有一个人在身边。当时周先生在深圳，而我带着大儿子在山东出差学习。大姑的女儿第一时间给我打了微信视频电话，当她告诉我这个消息时，我的第一反应是她在骗我，这不是真的。

而当我听到她哽咽的声音和看到她眼睛里的泪水时，那一刻我感觉到奶奶好像真的没了，我脑袋里顿时一片空白，眼泪不停地往下流，我已经听不清电话那头在说些什么了。挂断电话后，我泣不成声地安排订票，回到酒店收拾好行李开始出发前往机场，从山东到长沙，弟弟接到了我。弟弟也几乎是同一时间从吉林赶回来，从长沙赶到老家已经是凌晨四点了，一路上我哭泣不止，是伤心，是难过，是后悔，是内疚……往日和奶奶相处的点点滴滴一一浮现在眼前，奶奶不辞辛苦地把我拉扯大，而我都没有看她最后一眼，她就永远地闭上了眼睛。那时的我内心充满了奶奶爱我的感动，也充满了因奶奶过世我留下的遗憾。大儿子全程对我寸步不离，陪我一起伤心难过，和我一起相互依靠……我迫不及待地想早点回到家看到奶奶，也害怕真的看到的只是过世了的奶奶，多么希望能发生奇迹……家里离得近的人都已经到了，他们守在灵堂前。

在没有到家之前，我心里始终觉得有没有一种可能性，奶奶只是睡一下，她可能还会醒过来。因为我从来没有想过有一天奶奶会永远地离开我，奶奶走的时候92岁，在奶奶80多岁的时候，小姑就经常给我说一句话，她说："侄女，你奶奶已经80多岁了，要多抽点时间陪陪她，作为一个老人家，多活一天就算赚到一天，指不定她哪天就突然走了……"我特别不喜欢小姑说这句话，我觉得这太消极了，我以为我懂"吸引力法则"，我相信奶奶能够长寿，她好像就可以长寿到我认为的样子。而当我站在奶奶的遗体旁边，大声地呼唤着"奶奶，奶奶……"时，却再也听不到奶奶那爽朗的回应声了，也看不到奶奶慈爱的笑容了，关于奶奶的一切今后都只能留在回忆里思念了。想起奶奶在世时跟我说的每一句话，想起跟奶奶在沟通聊天有过的争辩场景，想起每次回家时奶奶对我的嘘寒问暖，我很难接受奶奶已经离开的事实，我放声痛哭起来。

以前，老公总是说："老婆，你很孝顺，内在也很善良，但有时对奶奶说话不好听。"那时我觉得没什么，而如今奶奶走了，我好后悔曾经有过和奶奶没有好好耐心地说话。如果只是内在善良，但是不能好好讲话，可能你当时不觉得有什么，但这个世界上有一种离别：你以为随时能看到的人，如果有一天突然就走了，永远地离去了。你才发现那么多年你们没有好好地聊过天，你甚至都来不及说一句对不起的时候，你得多遗憾啊！

在奶奶没走之前，我可以当之无愧地说我是她所有孙子、孙女，甚至她儿女里面做得最好的一个，但是奶奶走了，我都没有和她告别，我发现自己做得真的不够好，我只是做到了外在大家看到的好：供养整个家族、孝顺奶奶。但真正的孝是付出自己没有的那部分，我没有做到和奶奶好好地聊聊天，听她讲唠叨的话，哪怕是负能量的话，回想小时候，我问奶奶多少遍，她都极致有耐心地回答我，而我却再也没有这样的机会了，我心里无比难过。

奶奶是我生命中非常重要的人，她给我的陪伴比父母还要长，如果没有奶奶当初的悉心照顾，可能我就像路边的小草，任凭风吹雨打、日晒雨淋。因为有奶奶，在风雨来临时，奶奶成了我的雨伞；在困难的咬噬下，奶奶成了我的勇气；在黑夜里，奶奶又成了我的明灯。因为有了奶奶，才有了我今天的幸福生活。奶奶的爱如此温暖，如此清澈，如此重要，但如今疼我、爱我的奶奶却永远离开了我，我无法想象以后没有奶奶的日子我该如何去适应。虽然时光可以磨灭一切，但永远也带不走我内心深处与奶奶的记忆。童年时与奶奶在一起的一幕幕在我眼前掠过，小时候奶奶拉着我的手走路，教我喊"一、二、三、四……"，教我喊"爸爸、妈妈、爷爷、奶奶……"，温馨的一幕幕充满我的脑海，而我在忙于事业后却没能抽出更多的时间陪伴奶奶，内疚的泪水顿时湿了眼眶。奶奶虽然走了，但在我心中，她对我的爱却依然活着……

奶奶这一生没有拖累任何人，没有给儿孙后代添任何麻烦，直到生命的最后，她仍然挂念着儿女、子孙。在奶奶去世前的一个多月，她可能感觉到自己大限将至，把妈妈叫了过去，奶奶告诉妈妈，她大概有30多万元的存款，都是这么多年我陆陆续续给她的，她以前本想把这些钱都留给我，但是她觉得现在我可能也不需要，于是她决定把这些钱给所有的孙子、孙女，每人一万元钱，剩下的钱就用来安排她的后事，不让她的子女掏一分钱，如果还有多余的，就由我来安排。奶奶在说这些话的时候身体还很健康，妈妈当时觉得奶奶是信任她才给她说的，所以也没太在意。而当奶奶过世后，妈妈泪流满面地说，如果知道是这样的结果，她一定多回家去看看奶奶，也一定会让我在奶奶过世之前回家陪伴奶奶走完人生的最后一程。

人生总是这样，我们往往是遇到最亲的人的离别才学会了活在当下，珍惜眼前人，因为遗憾，所以改变，下定决心，往后余生要多给自己和家人有质量的爱的陪伴。

奶奶在世的时候，我给她买了很多金戒指、金手镯，那时奶奶总是对我说："等我以后不在世了，这些东西都留给你，反正都是你买的。"当时我告诉奶奶："我给你买的东西，你就好好戴着，不要总想着留给我。"我当时想的是，你不要惦记我，不要想着给我留下什么东西，但是当奶奶过世之后，我在整理她保管的那些我买的首饰时，当妈妈说要给两个姑姑一人一个金戒指的时候，我对妈妈说，我重新给大姑和小姑买金戒指，奶奶用过的东西就留给我吧！我发现原来我真的舍不得奶奶的一切，我总想留下一点念想。

只有亲身经历过最亲的人离开，可能才会真真正正懂得：子欲养而亲不待。我们千万不要等到失去了才懂得珍惜，等到有了遗憾才能觉醒。我深刻地记得，大姑在奶奶的灵堂前哭得撕心裂肺的时候说了一句话，她说："妈，你怎么不给我机会让我照顾你一下呢？你怎么就走得这么悄无声息呢？哪怕你躺在病床上，让我照顾你两天，也能了一下我的遗憾啊。"而让我最遗憾的是当我帮父母在市里买了房子后，我很少回老家去看望奶奶，而是让奶奶来市里面住。这么多年来，我一直认为，只要自己努力赚钱买更大的房子，把奶奶接到市里面生活，有更好的环境，不让她一个人在农村，就是对奶奶最大的孝顺。

所以，自从我跟奶奶说好，只要我回家都让她来市里面的家住以后，除了祭拜过世的爷爷或者逢年过节看望一下亲戚，我回奶奶抚养我长大的那个家的次数越来越少。但是奶奶却只有我回家的时候，才会到市里面临时住上一段时间，我走了，她大多数时间还是更愿意待在老家。当奶奶过世后，我看着这个奶奶带我长大的地方，突然明白，为什么奶奶不愿意离开这里，因为这里有她熟悉的环境，有她熟识的邻居，有她喜爱的一草一木……这里才是她的根，才是她灵魂安放的地方。如果不是为了我，她不会离开这里，这时我才发现，我没用懂奶奶的爱去爱好奶奶，反而是奶奶用她的爱陪伴我、包容我以及守护我的爱。如今奶奶不在了，但我每次回家仍会回到奶奶曾住过的地方待上一两天，回忆着我们在一起的点点滴滴。我想只要我记得她，奶奶就永远都在我的时空里。

在奶奶去世之前的半年时间里，不管父母怎么劝奶奶，奶奶都不愿意再去市里面住，现在我才明白，她为何会执意留在老家。当时奶奶可能感觉到自己时日不多了，她想如果哪一天自己真的不在了，那也是死在了故土，同时也不会给自己的子女添麻烦。奶奶在生命的最后，依然还在为自己的儿女子孙考虑，她的爱又温暖又无私。对奶奶来说，老家有她的亲朋好友，有她抚养儿女子孙长大的痕迹，有她童年、青年、中年、老年的记忆，有她热爱的一切……或许只有从这个载满她所有记忆的地方离开，她的一生才算是圆满的。其次，奶奶生前特别喜欢热闹，她希望在自己的葬礼上，所有的亲朋好友、子孙后代都能来，然后办一场热热闹闹、风风光光的丧事。如奶奶生前所期望的那样，她的葬礼上来了很多人，十分隆重。

奶奶活到92岁，经历了很多人的离别，她的很多牌友也在她之前相继去世。以前，我在跟奶奶聊天的时候，奶奶常常会告诉我，哪个村哪个队里的谁过世了。当时我就问奶奶怕不怕，奶奶毫不迟疑地说："不怕，我身边很多人很恐惧死亡，但是我不怕，人都是要死的，怕死是因为有遗憾，我有你们这些孩子很幸福，我觉得没什么可怕的。"正是奶奶这一句话的影响，让我慢慢地活出了无惧的生命状态。

自我进入社会，一直到奶奶离世，我每周都会给奶奶打电话，如果我出差太忙或者奶奶没有接到电话或视频的情况下，可能最长有过10天才联系一次的经历。而奶奶去世后我问自己，如果再重新给我一次机会，我还会7天联系一次吗？我还会10天联系一次吗？我的答案是不会。我总觉得奶奶身体很好，她一定能活到120岁，但是我忽略了，我在变得成熟，连我的儿子也在一天天长大的时候，奶奶却在变老，她的生命已经慢慢地进入倒计时，而我却从来没有思考过这个问题。

人生最大的遗憾，就是总觉得还有很多个明天，也许对我们来说是的，但对我们身边的老人却不一定是。经历了奶奶的离开，我做了一个决定，我不要让这种遗憾再发生在我父母的身上。以前，我和父母是一个星期通一次电话，他们也会经常来深圳陪我，我一年也会回去两三次，而如今，不管多忙，每隔两三天我都会给父母打电话聊聊天，有时候甚至每天都要打一次电话，一有时间我就回去陪伴他们。

如果没有遇到我的先生周文强，没有进入身心灵的内在成长，面对奶奶的死亡，我可能无法承受。周先生告诉我，奶奶是无疾而终的，这得有多大的福报才能以这样的方式离开。

今天，每当我思念奶奶的时候，我不是难过，也不是伤心，因为我知道奶奶去了天堂，她的肉身虽然离开了我，但她对我的爱却并没有因为她的逝去而离开，她留给我的爱传遍了我的全身，永远驻扎在我的心里。奶奶只是换了一种形式陪伴着我，我告诉自己，我要把奶奶留在我内心世界的这份爱，去爱奶奶爱的所有人，爱我的爸爸妈妈，爱我的整个家族，同时，我也要把这份爱无差别地传递给每一个人。

/06
我是一切问题的根源

周先生常常说：我们应该以万物为师。

天地不语，这世间没有比万物更好的老师了。竹叶在狂风中随风摇摆，它从不与风抗争，风往哪里吹，它就倒向哪里，这启示我们要顺势而为；天空中有时乌云密布，有时白云朵朵，有时又晴空万里、不见一丝云彩，这启示我们即便生活烦琐，也要记得清空自我；路边的野花和果树，不会因为无人关注就拒绝开花结果，它们总是默默地绽放，装点着大地，回馈着大地，这是在告诉我们，人生只需默默去做，不要过于在意得失。

我是一切问题的根源，爱是一切问题的答案。你是什么样的人，就会吸引什么样的人、事、物来到你的身边，就会有什么样的生活。你改变了，你世界里的一切才会随之改变。

如果只注重自我，只关注另一半会怎样来爱我？我的孩子能带给我什么快乐？我的父母应该如何对我好？我的朋友可以带给我们什么利益？如果长期带着这种心态去看待世界，那么身边一定会吸引带有同样想法的人，当一群自我的人聚集在一起时，尔虞我诈、权衡得失、利益交换就会不断发生，争吵、背叛、决裂也会随之而来。如果换一种思维，忘却自我得失，只是去爱去付出，那我们会思考什么？我应该如何给另一半更多的爱？我如何才能带给孩子快乐？我应该怎样对父母好？我

208

能给我的朋友带来什么帮助？

当我们不再想从别人身上获取些什么，而是想"我还可以做些什么？我还能多做些什么？我可以为我的家庭、为我的国家、为这个世界多做一些什么？"时，我们一定能成为受欢迎的人，因为每个人都愿意和一个充满爱的人相处，同时也会吸引一群同样有爱的人来到自己的身边。这样，生活就会被奉献、付出、善意、支持、快乐所包裹，人生也会随之发生改变。

很多人一辈子都在追求幸福，追求爱。他们的惯性思维是我先去追求爱，然后接近爱，最后才能得到爱，其实，正确的顺序应该是：我先成为爱，然后我自然就拥有爱。

如果总是抱怨自己没有遇到好的父母，孩子也不听话，另一半也很糟糕，那你是否有向内反观一下自己好不好，如果你也不够好，他们不好不是很正常吗？如果你变得很好，你会发现天空每天都是湛蓝的，空气每天都是清新的，阳光每天都是灿烂的。其实，在生活中遇到的所有问题都是由"我"制造的，最终也必须由"我"来彻底解决。发生任何问题，不要把注意力放在别人身上，而要把注意力集中在自己身上，要看自己是否成长，看自己是否是那个走向经济独立、精神独立的自己。不管人生最终会走到哪里，都跟自己内在是一个什么样的人息息相关。

从别人身上找问题，这个世界到处都是问题，并且有永远解决不完的问题，学会从"我"身上找问题，用"爱"的方式去解决这些问题，那么，你在这个世界上遇到的很多问题就都能够迎刃而解。幸福的终极核心：是我是一切问题的根源，爱是一切问题的答案。在"我"身上找问题、找答案，通过"我"活出爱本身。

我们一辈子都在追求幸福，却忘了自己原本具足；我们一辈子都在寻找爱的归宿，却忘了自己本身就是爱。当有一天，你能把自己活成爱并散发出爱的光芒时，你就会在生活中找到一个又一个爱的连接。我是一切的根源，爱是一切的答案，这就是世间幸福的真谛。

我是杨韵冉，我爱你如同爱自己，读我的故事，照见你的人生！活出爱，成为爱，传承爱……

请你敞开心扉，去深刻感受这段话所传达的力量：得之我幸，失之我命。改变你能改变的，臣服你不能改变的。学会接纳，学会臣服生活给你的指引，顺应那些最好的安排，一切都是为了更好的照见。